二级建造师继续教育系列教材

建筑机电工程新技术及应用

主　　编　张运楚　邵　新　高　鹤
副 主 编　樊明玉　田崇翼　王业篷
参编人员　石风鹤　穆景光　邹俊涛
　　　　　陈海辉　崔传庆　陈智刚

中国矿业大学出版社

内容提要

建筑工程的发展为建筑建造技术研究提供了广阔舞台。工程技术人员积极探索，利用新一代信息技术不断改造和提升传统建筑工艺，并取得了丰硕成果，本书从一个侧面反映了我国建筑工程设计建造技术研究与实践的部分成果。全书共分为6章：第一章为城市轨道交通机电工程新技术，第二章为城市轨道交通弱电系统工程施工质量控制，第三章为城市地下综合管廊机电工程技术，第四章为机电设备安装工程中的BIM技术，第五章为建筑直流供电技术，第六章为老年人照料设施建筑电气与智能化系统。

本书可作为从事建筑机电工程设计、施工专业人员的继续教育培训教材，也可供大中专院校相关专业师生学习参考。

图书在版编目(CIP)数据

建筑机电工程新技术及应用 / 张运楚，邵新，高鹤主编. —徐州：中国矿业大学出版社，2019.9

ISBN 978-7-5646-0961-0

Ⅰ. ①建… Ⅱ. ①张… ②邵… ③高… Ⅲ. ①建筑工程—机电设备—继续教育—教材 Ⅳ. ①TU85

中国版本图书馆 CIP 数据核字(2019)第193236号

书　　名　建筑机电工程新技术及应用
主　　编　张运楚　邵　新　高　鹤
责任编辑　陈　慧
出版发行　中国矿业大学出版社有限责任公司
　　　　　　(江苏省徐州市解放南路　邮编 221008)
营销热线　(0516)83884103　83885105
出版服务　(0516)83995789　83884920
网　　址　http://www.cumtp.com　**E-mail**:cumtpvip@cumtp.com
印　　刷　日照报业印刷有限公司
开　　本　787 mm×1092 mm　1/16　**印张** 11.5　**字数** 288千字
版次印次　2019年9月第1版　2019年9月第1次印刷
定　　价　68.00元

出版说明

为了加强建设工程项目管理，提高工程项目总承包及施工管理专业技术人员素质，规范施工管理行为，保证工程质量和施工安全，根据《中华人民共和国建筑法》《建设工程质量管理条例》《建设工程安全生产管理条例》和国家有关执业资格考试制度的规定，2002 年中华人民共和国人事部和建设部联合颁发了《建造师执业资格制度暂行规定》（人发〔2002〕111 号），对从事建设工程项目总承包及施工管理的专业技术人员实行建造师执业资格制度。

注册建造师是以专业技术为依托、以工程项目管理为主业的注册执业人士。依据中华人民共和国住房和城乡建设部令第 32 号修订的《注册建造师管理规定》（自 2016 年 10 月 20 日起施行），按规定参加继续教育是注册建造师应履行的义务，也是申请延续注册的必要条件。注册建造师应通过继续教育，掌握工程建设相关法律法规、标准规范，增强职业道德和诚信守法意识，熟悉工程建设项目管理新方法、新技术，总结工作中的经验教训，不断提高综合素质和执业能力。

根据《山东省二级建造师继续教育管理暂行办法》，受山东省建设执业资格注册中心委托，本编委会组织具有较高理论水平和丰富实践经验的专家、学者，编写了"二级建造师继续教育系列教材"。在编纂过程中，我们坚持"以提高综合素质和执业能力为基础，以工程实例内容为主导"的编写原则，突出系统性、针对性、实践性和前瞻性，体现建设行业发展的新常态、新法规、新技术、新工艺、新材料等内容。本套教材共 15 册，分别为《建设工程新法律法规与案例分析》《建设工程质量管理》《建设工程信息化技术实务》《建筑工程新技术概论》《建设工程项目管理理论与实务》《工程建设标准强制性条文选编》《装配式建筑技术与管理》《城市轨道交通建造技术与案例》《城市桥梁建造技术与案例》《城市管道工程》《城市道路工程施工质量与安全管理》《安装工程新技术》《建筑机电工程新技术及应用》《智慧工地与绿色施工技术》《信息化技术在建筑电气施工中的应用》。本套教材既可作为二级注册建造师继续教育用书，也可作为建设单位、施工单位和建设类大中专院校的教学及参考用书。

本套教材的编写得到了山东省住房和城乡建设厅、清华大学、中国海洋大学、山东大学、山东建筑大学、青岛理工大学、山东交通学院、山东中英国际工程图书有限公司、山东中英国际建筑工程技术有限公司、中国矿业大学出版社等单位的大力支持，在此表示衷心的感谢。

本套教材虽经反复推敲，仍难免有疏漏之处，恳请广大读者提出宝贵意见。

二级建造师继续教育系列教材编委会

2019 年 8 月

出版说明

前　言

随着新型城镇化建设加速，我国城镇化水平日渐提升。智慧城市既是新一代信息技术的集成示范应用，也是承载和践行国家新旧动能转换重大战略的空间载体。以城市轨道交通、城市综合管廊等地下建筑为代表的城市基础设施建设快速发展，以绿色建筑、装配式建筑为代表的生态建筑的理念赢得广泛共识，以养老建筑为代表的医养结合民生工程正在推动健康中国战略的实施。

建筑工程的发展为建筑建造技术研究提供了广阔舞台。工程技术人员积极探索，利用新一代信息技术不断改造和提升传统建筑工艺，并取得了丰硕成果，本书从一个侧面反映了我国建筑工程设计建造技术研究与实践的部分成果。全书共分为6章：第一章为城市轨道交通机电工程新技术，第二章为城市轨道交通弱电系统工程施工质量控制，第三章为城市地下综合管廊机电工程技术，第四章为机电设备安装工程中的BIM技术，第五章为建筑直流供电技术，第六章为老年人照料设施建筑电气与智能化系统。本书可作为从事建筑机电工程设计、施工专业人员的继续教育培训教材，也可供大中专院校相关专业师生学习参考。

本书由山东建筑大学张运楚、邵新、高鹤担任主编，其他编写人员有山东同圆设计集团有限公司穆景光、樊明玉，山东英泰克工程咨询有限公司邹俊涛，山东建筑大学田崇翼，北京城建设计发展集团股份有限公司王业逢、陈海辉，济南市市政工程设计研究院（集团）有限责任公司石风鹤、崔传庆、陈智刚等。编写人员的具体分工如下：第一章由王业逢、陈海辉编写，第二章由邹俊涛编写，第三章由石风鹤、崔传庆、陈智刚编写，第四章由高鹤编写，第五章由田崇翼编写，第六章由穆景光、樊明玉编写，全书由张运楚、邵新策划并统稿。

本书在编写过程中，参阅了大量书籍、论文、厂家产品资料、国家有关标准和规范，在此对参考资料的作者表示衷心的感谢，若有因编者疏忽而没有列入参考文献的请予以谅解；并得到了山东省住房和城乡建设厅、山东建筑大学继续教育学院的大力支持，在此表示衷心感谢。

受作者水平和时间所限，本书难免存在疏漏和不当之处，敬请各位专家和读者批评指正。

编　者

2019年5月于济南

目　录

第一章　城市轨道交通机电工程新技术

第一节　动力照明新技术

一、分布式光伏发电技术

（一）技术内容

1. 技术摘要

分布式光伏发电通常是指利用分散式光伏组件资源，装机规模较小的、布置在用户附近的光伏发电系统。分布式光伏发电系统可由多个并网发电单元构成，每个并网发电单元主要由光伏电池组件、逆变器、并网柜等组成。光伏并网发电单元的电池组件采用串并联的方式组成多个太阳能电池阵列，光伏电池组件接入逆变器，将直流电逆变为 380 V 交流电后接入交流并网柜，最终接入至各站变压器。电能的消纳方式为“自发自用、余电上网”。分布式光伏发电可高效利用空闲场地，减少煤炭消耗、废气和粉尘排放，对于促进节能减排、打造低碳城市有着积极的推动作用。

2. 实施要点

(1) 新线建设或旧线改造的高架车站或车辆基地可据实设置分布式光伏发电系统。

(2) 分布式光伏发电系统主要由太阳能电池组件、汇流箱、逆变器和并网柜等组成。

(3) 应根据太阳能电池组件的布置方案合理选择太阳能光伏阵列串并联运行方式。

(4) 逆变器宜根据太阳能电池组件的位置就近集中设置。

(5) 并网柜宜设置于 400 V 变电所内，与变压器、低压柜并排布置。

(6) 宜单独设置光伏发电控制室，通过通信技术实施监测分布式光伏发电系统的运行状态。

(7) 分布式光伏发电并网方案应会同供电部门共同确定。

（二）技术指标

(1) 分布式光伏发电系统应做到安全、高效、经济、合理。

(2) 分布式光伏发电系统相关设备应满足相关标准：《地面用晶体硅光伏组件 设计鉴定和定型》(IEC 61215-2：2016)、《光伏(PV)组件的安全鉴定 第 1 部分：构造要求》(IEC 61730-1：2016)、《光伏(PV)组件的安全鉴定 第 2 部分：测试要求》(IEC 61730-2：2016)、《光伏系统并网技术要求》(GB/T 19939—2005)等。

(3) 光伏发电系统组件各部件在正常工况下应能安全、持续运行，不应有过度的应力变化、温升、腐蚀和老化等问题。组件衰减率 1 年内不高于 2.5%，10 年内不高于 9%，25 年内不高于 20%。

(4) 逆变器须采取防腐蚀措施，具备防腐蚀功能，确保 25 年内无任何腐蚀现象。逆变器具备无功补偿功能，保证并网点发电、用电功率因数在超前0.8～滞后0.8区间内连续可调。

(5) 并网柜应满足国家电力部分并网要求，保证运行安全。柜体结构建议采用组合装配式，柜体外壳应采用高质量的覆铝锌板。柜体的金属结构件须经过防腐处理，柜体的钢板厚度要求不小于2.0 mm。柜体应有足够的机械强度，以保证元件安装后及操作时无摇晃、不变形。

(三) 使用范围

适用于轨道交通高架车站、车辆基地等所有在建和改扩建项目。

(四) 工程案例

北京市轨道交通燕房线，广州市轨道交通5号线，石家庄市轨道交通西兆通综合维修基地，济南市轨道交通R1线等。

二、LED照明灯具

(一) 技术内容

1. 技术摘要

LED照明灯具是LED灯具的统称，是指能透光、分配和改变LED光源光分布的器具，包括LED光源、电源变换器、用于固定和保护LED光源所需的全部零部件，以及与电源连接所必需的线路附件等。LED照明灯具的核心是LED光源，LED(light emitting diode)即发光二极管，是一种固态的半导体器件，它可以直接将电能转化为可见光。相对于传统荧光灯照明模式，在保证相同亮度的前提下，LED照明灯具可实现节能50%左右，且LED光源相比于荧光灯光源使用寿命更长、维修费用更低。此外，LED照明灯具采用直流驱动，没有频闪，没有辐射污染，显色性高，且具有很强的发光方向性。其调光性能好，色温变化时不会产生视觉误差，冷光源发热量低。目前，LED照明灯具具有灵活多变的灯具造型，如平板灯、线性灯带、筒灯和造型灯等，可满足各种装修效果的表达。

2. 实施要点

(1) 新线建设或旧线改造的轨道交通项目宜使用LED照明灯具。

(2) LED照明灯具的选型应与车站不同区域风格协调一致，安装尺寸及安装工艺满足车站要求。

(3) LED照明灯具应为成套设备，同型号灯具内的电器部件应能互换。

(4) 应急型LED照明灯具应有特殊标志，疏散指示标志应标明行走方向。

(5) LED照明灯具不应设置在变电所及通信、信号、通风空调电控室、车控室等房间内成套布置的柜体或设备的正上方。

(6) 与嵌入式灯具连接的金属软管，其末端的固定管卡宜安装在自灯具、器具边缘起沿软管长度1 m处。采用钢管作灯具吊杆时，钢管的内径不应小于10 mm，钢管壁厚度不应小于1.5 mm。

(二) 技术指标

(1) LED照明灯具均应为节能高效型，防潮湿、耐腐蚀，适合地铁环境下长期稳定工作。

(2) 灯具应符合国家和行业标准：《普通照明用50 V以上自镇流LED灯 安全要求》(GB 24906—2010)、《普通照明用非定向自镇流LED灯 性能要求》(GB/T 24908—2014)、《普通照明用LED模块 安全要求》(GB 24819—2009)、《普通照明用LED模块测试方法》

(GB/T 24824—2009)、《普通照明用LED模块 性能要求》(GB/T 24823—2017)、《普通照明用LED产品和相关设备 术语和定义》(GB/T 24826—2016)、《电磁兼容 限值 谐波电流发射限值(设备每相输入电流≤16 A)》(GB 17625.1—2012)、《电气照明和类似设备的无线电骚扰特性的限值和测量方法》(GB/T 17743—2017)等。

(3) 灯具应具备有效限制眩光的措施和良好的防护性能，外壳应具有防腐功能。

(4) 灯具应至少在灯具(灯柱)外预留1.5 m长的接线线缆，线缆的铜芯截面不小于2.5 mm^2，导线规格应与负载相匹配并适应短时冲击电流。

(5) 灯具功率因数不应低于0.90，灯具电源变换器应采用外置式设计，便于维护。电源变换器须满足国标中对于电源安全、电磁兼容等相关的要求。

(三) 使用范围

适用于轨道交通车站、车辆基地等所有在建和改扩建项目。

(四) 工程案例

济南、青岛、北京、广州、深圳、天津、温州、乌鲁木齐、合肥、武汉、长沙、郑州等轨道交通项目。

三、区间智能疏散指示系统

(一) 技术内容

1. 技术摘要

地铁地下区间具有距离长、封闭性高等特点，如何做好区间疏散工作就显得尤为重要。区间智能疏散指示系统可根据人员位置情况，在火灾时对人员疏散进行智能引导。本系统主要由智能疏散控制主机、智能疏散分配电装置、集中控制型疏散标志灯及连接线缆组成。

智能疏散控制主机通过智能疏散分配电装置连接区间集中控制型疏散标志灯具回路，车站级设置的控制主机的管辖范围为车站相邻的半个区间。智能疏散控制主机柜内含主机UPS(不间断电源)应急电源；智能疏散分配电装置不含应急电源，其应急电源由车站内的EPS(应急电源)提供。

对于长大区间隧道，传输距离不满足主机控制要求时，可通过增加智能疏散分配电装置，采用中继设备的方式实现信号传输、辅助供电的要求，疏散指示系统区间中继设备与控制主机之间通过控制电缆或光纤连接。

区间集中控制型疏散标志灯具分为集中控制型双向标志灯和集中控制型安全出口标志灯两种。在地铁区间隧道疏散平台侧(内侧)设置集中控制型双向标志灯，区间联络通道入口门上方设置集中控制型安全出口标志灯。

2. 实施要点

(1) 新线建设或旧线改造的轨道交通项目宜设置区间智能疏散指示系统。

(2) 应根据区间隧道长度和疏散指示灯具容量合理选择区间智能疏散指示系统的规格。

(3) 根据区间隧道长度合理规划区间智能疏散指示系统的管辖范围。

(4) 区间智能疏散指示系统应纳入车站FAS(火灾报警系统)。

(5) 区间智能疏散指示系统应满足限界要求，严禁出现设备安装侵限情况。

(6) 区间智能疏散系统应是集中电源集中控制型，配电及通信电压均为安全特低电压，配电及通信各使用两根导线并可共管敷设。

（二）技术指标

（1）区间智能疏散指示系统内的相关设备应通过公安部消防产品合格评定中心的3C认证并获得证书。

（2）区间智能疏散指示系统应符合国家和行业标准：《消防应急照明和疏散指示系统》（GB 17945—2010）、《城市轨道交通技术规范》（GB 50490—2009）、《城市轨道交通照明》（GB/T 16275—2008）、《灯具 第2-22部分：特殊要求 应急照明灯具》（GB 7000.2—2008）等。

（3）应具备标准串行（RS232/485）等通信接口，能与火灾报警系统通信，自动接收火灾报警系统的区间火灾报警信号，以此作为联动预案或自动生成疏散方案执行的依据。

（4）火灾时，系统可根据火灾报警系统的区间报警位置信息以手动和自动两种方式转入应急状态，控制系统内集中控制型疏散标志灯具的箭头指示方向指向正确的安全出口，关闭危险区域的安全出口标志灯，开启安全区域的安全出口标志灯，起到安全疏散的作用。

（5）系统能够对系统内所有设备进行巡检，并将状态实时传送至FAS。

（6）系统应具有最佳疏散路线数据库，发生火灾时，主机可以从数据库中调出针对不同火灾的预案逃生路线，控制不同种类的灯具发出闪烁、开灯、灭灯、改变，以指示方向，指引人员沿预案逃生路线逃生，为人员在混乱的火灾现场提供一条快捷、有效的逃生路线。

（三）使用范围

适用于轨道交通车站、车辆基地等所有在建和改扩建项目。

（四）工程案例

济南、青岛、北京、广州、杭州等城市的轨道交通项目。

四、智能照明控制技术

（一）技术内容

1. 技术摘要

地铁车站具有人流量大而且人流不定时的特点，如何做好车站的节能成为重要的研究内容。车站照明灯具无疑是能源消耗的主要部分之一，而智能照明控制系统可有效实现灯具的照明控制和亮度调节，节约能源。

车站智能照明控制系统由彩色触摸屏、调光控制模块、开关控制模块、照度传感器和电源供应器等组成，其功能是实现地铁车站内的站厅站台公共区照明、出入口照明的可调光控制和导向照明、地徽照明、广告照明、区间照明的开关控制，在保证地铁各种照明设备安全、连续正常使用的前提下，实现节能减排。智能照明控制系统通过前端照度传感器采集亮度信息，通过控制主机分析亮度信息并发出控制命令，利用调光控制模块或开关控制模块实现灯具的调光或开闭。

2. 实施要点

（1）新线建设或旧线改造的轨道交通项目宜设置智能照明控制系统。

（2）应根据照明区域合理划分控制回路，合理选择控制模式（开关控制或调光控制）。

（3）应根据照明回路数量选择合理的控制模块规格（4路、6路、8路等）。

（4）智能照明控制模块应设置于照明配电箱内，配电箱尺寸和布局应满足模块要求。

（5）智能照明控制系统应纳入车站BAS（建筑设备自动化系统）。

(6) 智能照明控制主机和触摸屏应设置于有人值守的办公室。

(二) 技术指标

(1) 智能照明控制系统应符合国际通用的 IEC 标准及中国国标《控制网络 HBES 技术规范　住宅和楼宇控制系统》(GB/T 20965—2013),便于将来的维护。

(2) 智能照明控制系统应是完全分布式总线式结构,通过网络系统将分布在各现场的控制器连接起来,各智能模块不依赖于其他模块而能够独立工作,模块之间应是对等关系,共同完成集中管理和分区控制。

(3) 基于可靠性方面的考虑,不应采用任何形式的基于中央主机控制的系统。

(4) 在智能化照明控制系统故障时应有备用控制线路,在智能化系统故障时照明系统能够实现高、中、低亮度控制。

(5) 应采用先进、成熟的分布式智能照明控制系统,充分利用电子技术,把自然光和人工光有机地结合起来,在此基础上采用适合的方案。

(6) 当某一区域照明控制出现问题时,不会影响其他区域及整个综控的正常运行。

(7) 当某一区域照明控制需要增加功能时,不对原有线路、系统做大幅度改动。

(8) 智能照明控制系统应具有调光、开关、情景模式等多种控制方式。

(三) 使用范围

适用于轨道交通车站、车辆基地等城市的所有在建和改扩建项目。

(四) 工程案例

济南、青岛、北京、长春、杭州等城市的轨道交通项目。

第二节　城轨供电新技术

一、再生制动能量吸收装置

(一) 技术内容

1. 技术摘要

在沿线变电所设置再生制动能量吸收装置,对列车再生制动时回馈至牵引网上的多余能量进行吸收再利用,从而实现节能的目的,同时减少列车电阻耗能所带来的隧道温升等问题。

2. 实施要点

(1) 再生制动能量吸收装置应设置电能计量装置以进行能耗管理考核。

(2) 再生制动能量吸收装置应纳入变电所综合自动化系统监控范围。

(3) 再生制动能量吸收装置直流设备应绝缘安装,并设置独立的框架泄漏保护装置,中压能馈型装置应能在中压电源退出时及时停机。

(4) 再生制动能量吸收装置动作阈值应满足系统各种运行工况的需求,避免设备的误动作。

(二) 技术指标

(1) 再生制动能量吸收装置额定工况下,整套设备效率≥95%,输出功率因数≥0.95。

(2) 再生制动能量吸收装置注入 35 kV 系统的谐波应满足标准《电能质量 公用电网谐波》(GB/T 14549—93)的规定。

（三）使用范围

适用于轨道交通所有在建和扩建项目。

（四）工程案例

青岛轨道交通3号线，济南轨道交通1号线。

二、非晶合金变压器

（一）技术内容

1. 技术摘要

非晶合金变压器应用在轨道交通动力照明供电系统中，可以有效降低系统损耗中的变压器损耗。车站动力负荷大小与车站机电设备工况有关，一般配电变压器都按照车站机电设备最大工况进行容量选择。然而实际情况是，车站运营的一天里有很大一部分时间的动力照明负荷率较低，因此空载损耗尤为突出，从而造成整个系统损耗率较高。采用非晶合金变压器将可以较好地解决这一问题。降低空载损耗，对配电设备的可靠运行、能源和运行费用的节约都是有利的。

2. 实施要点

(1) 新线建设中宜结合车站土建规模及经济技术综合比较后设置非晶合金变压器。

(2) 配电变压器宜设置于变电所内，与低压柜并排布置。

(3) 配电变压器房间考虑必要净高和运输通道，并配置必要的通风降温措施。

（二）技术指标

(1) 配电变压器均采用户内环氧树脂浇铸干式变压器，宜设置金属外壳，外壳为拼装式，现场可方便组装/拆卸。冷却方式为自然风冷，预留强迫风冷条件。

(2) 配电变压器设置温控器，报警温度和跳闸温度整定值可根据变压器的实际情况和用户的需要设置。

(3) 配电变压器在20%过载的情况下应能够继续长期运行。

(4) 正常运行时，配电变压器负载率在60%～70%；一台配电变压器故障情况下，另一台配电变压器能够承担全部一、二级动力照明负荷。

(5) 配电变压器容量在各种运行工况下，应能满足地铁车站防灾系统的用电要求。

(6) 设备选型应节能、环保，满足供电系统设备安全可靠运行及检修要求。

（三）使用范围

适用于轨道交通、变电站等所有在建和扩建项目。

（四）工程案例

青岛轨道交通3号线，济南轨道交通1号线。

三、弓网在线监测系统

（一）技术内容

1. 技术摘要

接触网是沿电气化铁路线路架设，并向电客车供电的无备用输电设备。弓网动态参数在线监测系统安装在运营电客车上，通过车载在线检测方式，实现接触网动态几何参数、弓网燃弧参数及接触网关键悬挂高清图像的实时在线检测和分析，从而能够及时预防故障和针对性维护处理，为接触网检修后的动态复核提供指导依据。

2. 实施要点

(1) 新线建设中宜结合运营检修规程合理制订弓网在线监测配置方案。

(2) 弓网在线监测系统主要由接触网动态几何参数检测子系统、弓网燃弧检测子系统和接触网关键悬挂检测子系统3部分组成。

(3) 接触网动态几何参数检测子系统实现接触网导高、拉出值、线间距参数高精度检测，并精确标记超限位置。

(4) 弓网燃弧检测子系统实时在线检测弓网燃弧状态，并能输出弓网燃弧率、燃弧时间、燃弧次数等参数。

(5) 接触网关键悬挂检测子系统对接触网悬挂部件进行高清成像检测，输出高清晰度图像，能有效分辨各接触网零部件故障状态。

(6) 弓网在线监测系统应设置相应列车与轨道动态位置补偿装置，以消除列车震动引起的测量数据偏差，提高数据精准度。

(7) 整体检测装置的机械性能应能达到可承受列车正常运行中的机械振动及常规运输条件下的冲击，设备不发生损坏和零部件松动脱落现象。

(二) 技术指标

(1) 车顶设备外壳防护等级应符合《外壳防护等级(IP代码)》(GB/T 4208—2017)规定的IP67级的要求。

(2) 接触网动态几何参数检测子系统要求。

采用非接触式检测技术实现接触网导高、拉出值、线间距及高差的高精度检测，并精确标记超限位置。

测量采样频率：不低于60 Hz。

测量精度：5 mm(静态)、10 mm(动态)。

(3) 弓网燃弧检测子系统要求。

应采用紫外光电传感器实现弓网燃弧的检测。

检测弓网燃弧特征光波段：220～225 nm或325～329 nm。

(4) 接触网关键悬挂检测子系统要求。

① 应采用两个高清工业相机从两侧对沿线接触网悬挂设施进行高清成像检测。工业相机图像分辨率达到500万像素，拍摄频率应达到20帧/秒。

② 关键悬挂高清成像检测只需每天往返采集和存储一次即可，硬盘容量至少为2 TB。

(5) 主要检测参数及性能指标。

弓网在线监测系统主要检测参数及性能指标详见表1-1。

表1-1　弓网在线监测系统主要检测参数及性能指标

序号	检测模块	检测内容	测量范围	分辨率	动态误差
1	接触网动态几何参数检测子系统	导线高度	3 900～5 300 mm	1 mm	±10 mm
2		拉出值	±400 mm	1 mm	±10 mm
3		双支接触线横向距离	0～1 000 mm	1 mm	±10 mm
4		双支接触线高度差	0～800 mm	1 mm	±10 mm

表 1-1(续)

序号	检测模块	检测内容	测量范围	分辨率	动态误差
5	弓网燃弧检测子系统	弓网燃弧率	0～100%		±0.1%
6		燃弧持续时间	0～3 s		±5 ms
7		燃弧次数	0～∞		±1
8	接触网关键悬挂检测子系统	接触网高清成像相机部署	采用两台高清摄像机对汇流排区域两侧拍摄		
9		接触网高清成像检测目标	所摄区域覆盖汇流排、中间接头、膨胀接头、定位线夹、悬吊安装底座、中心锚节、分段绝缘器、刚性悬挂绝缘子、线岔状态等设备		
10		接触网高清成像检测范围	可覆盖常规地铁刚性悬挂接触网及柔性悬挂接触网的零部件区域		
11		接触网高清成像质量	高清摄像机图像分辨率达到 2 448×2 050 像素		
12		接触网高清成像检测可记录的缺陷类型	汇流排损伤;中间接头松动;膨胀接头零件松脱;定位线夹紧固零件松脱;悬吊安装底座紧固件松脱;中心锚节、分段绝缘器松脱;刚性悬挂绝缘子破损;线岔区域状态等		
13	综合定位模块	速度里程定位信息	通过获取电客车速度里程信息,同步显示输出		

(三) 使用范围

适用于轨道交通所有在建和扩建项目。

(四) 工程案例

济南、青岛、北京、广州、深圳、天津、温州、乌鲁木齐、合肥、武汉、长沙、郑州等城市的轨道交通项目。

四、供电运行安全生产管理系统

(一) 技术内容

1. 技术摘要

供电运行安全生产管理系统主要实现了工作票、操作票开票过程的电子化,以及流程审批的网络化,从技术上保障现场操作与工作票、操作票相结合,在减轻工作人员劳动强度的同时,提高工作效率和工作质量,解决了目前挂接地线必须依靠专业人员的问题。标准化、规范化的地线管理和强制闭锁使非专业人员也能正确挂接地线,减少了专业人员的投入,节约了人力成本。规范化、智能化的设备巡检管理,保证了巡检标准化作业工作的有效、高效进行,实现了管理的信息化、人性化,提高了管理水平。供电运行安全生产管理系统通过技术手段,保证了相关专业的人员刚性执行现有规章制度,缩短了停电时间,延长了现场作业时间,大大提高了工作效率。

供电运行安全生产管理系统以网络为基础,通过设置在各个变电所和检修点的网络设备接入实施项目的通信系统主干网络,通过通信系统的主干网络接入 OCC(运行控制中心),从而实现全线的安全生产管理,满足实施项目多地点、多层次、多班组操作的安全管理要求。

2. 实施要点

新线建设中宜结合运营检修规程合理制定供电安全管理系统配置方案。

(二) 技术指标

供电运行安全生产管理系统主要有系统服务器、系统工作站、以太网交换机、嵌入式系统工作站、通讯管理机、智能钥匙及管理机、地线管理设备(含变电所地线桩)、接触网可视化验电接地设备、巡检仪与巡检标识牌等设备。主要设备的技术指标如下:

1. 系统服务器

CPU 主频:≥双核 2.8 GHz。

内存:≥4 GB×2。

硬盘容量:≥300 GB×4。

显示接口:VGA。

网卡数量:2 个 100/1 000 MB 自适应。

2. 系统工作站

CPU 主频:≥2.53 GHz。

内存:≥4 GB。

硬盘容量:≥500 GB。

显示接口:VGA。

显卡:独立显卡。

显存:≥1 GB。

网卡数量:2 个。

3. 通讯管理机

输入电源范围:AC 100~240 V,DC 120~375 V。

采用标准 19 英寸 1U 高机箱。

通讯接口:不少于 4 个以太网接口、4 路 232 串口及 8 路 485 接口。

4. 手持终端(巡检仪)

电源:可充电锂离子电池,标配不小于 1 000 mA·h。

抗射频干扰强度:≤50 dB(μV/m)。

抗电源端子传输干扰强度:≤70 dB(μV)。

操作回路额定电压:≤220 V DC/AC。

一次接收操作票项数:≥1 000。

平均无故障时间:≥50 000 h。

电池连续工作时间:≥8 h。

防护等级:IP62。

5. 嵌入式主机

额定电压:AC 220 V。

主机方式:嵌入式。

平均无故障时间(MTBF):≥40 000 h。

液晶屏:≥800×600 分辨率。

CPU:≥双核 1.6 GB。

内存：≥2 GB。

固态硬盘容量：≥8 GB。

通信接口：不少于 2 个以太网口，2 个 RS232 口、2 个 USB 口。

6. 地线管理器

工作电压：AC 90～264 V、DC 120～300 V。

静态电流：≤100 mA。

抗电强度：≥2 000 V。

抗射频干扰强度：≥50 dB(μV/m)。

抗电源端子传输干扰强度：≥70 dB(μV)。

抗冲击强度：≥10*g*。

平均无故障时间(MTBF)：≥50 000 h。

7. 可视化接地柜

标称电压：DC 1 500 V。

额定电压：DC 1 800 V。

额定绝缘电压：3 000 V。

接地回路短时耐受电流：≥80 kA。

接地回路短时耐受时间：≥0.25 s。

1 min 工频耐受电压：触头对地≥9.2 kV；开关断口≥11 kV。

额定冲击耐受电压：触头对地≥20 kV；开关断口≥24 kV。

机械寿命：≥10 000 次。

接地回路电阻(接地合闸时，箱内隔离断口两铜端子之间)：≤100 μΩ。

操作方式：电动/手动；远方/就地。

分/合闸电流：≤1.5 A。

外壳防护等级：IP54。

(三) 使用范围

适用于轨道交通、变电站等所有在建和扩建项目。

(四) 工程案例

青岛、济南等城市的轨道交通项目。

五、动态无功补偿装置

(一) 技术内容

1. 技术摘要

轨道交通在夜间停运后及白天发车间隔较小时，由于中压网络线路分布电容的存在，电源出口处处于过补偿状态，向电网倒送无功。为了避免这种情况，在主变电所/开闭所两段 35 kV 母线各设置一套动态无功补偿装置，动态跟踪电网电能质量变化，并根据变化情况自动动态调节无功输出，实现电源出口处在任意负荷下的高功率因数运行。

2. 实施要点

(1) 新线建设中宜设置动态无功补偿装置，避免过补偿造成功率因数过低。

(2) 动态无功补偿装置宜单独设置房间，并配置必要的通风降温措施。

(3) 主所/开闭所交流 35 kV 每段母线接入一套动态无功补偿装置，正常运行情况下两套装置同时运行，补偿各自母线段的无功功率；当一个进线电源失压分闸并投入母线分段开关后，通过控制装置的自动转换，两套 SVG(静止无功发生器)装置应仍然能够同时运行，进行无功补偿。

(4) 动态无功补偿装置设备选型应满足节能、环保、供电系统设备安全可靠运行及检修要求。

(5) 动态无功补偿装置应设置电能计量装置以进行电能质量管理考核。

(6) 动态无功补偿装置应纳入变电所综合自动化系统监控范围。

(二) 技术指标

(1) 补偿后电源进线点的实时功率因数值应不低于 0.90，并且无过补偿现象。

(2) 在补偿容量范围内，交流 35 kV 母线电压的闪变和波动应符合国家标准《电能质量　电压波动和闪变》(GB/T 12326—2008)的规定。

(3) 在补偿容量范围内，滤波后注入系统的谐波电流和 35 kV 母线电压总谐波畸变率应低于国家标准《电能质量　公用电网谐波》(GB/T 14549—93)的规定。

(三) 使用范围

适用于轨道交通、变电站等所有在建和扩建项目。

(四) 工程案例

青岛市轨道交通 2 号线、3 号线、11 号线、13 号线，济南市轨道交通 1 号线。

第三节　城轨弱电新技术

一、全自动驾驶技术

(一) 技术内容

1. 技术摘要

全自动驾驶系统是基于现代计算机、通信、控制和系统集成等技术实现列车运行全过程自动化的新一代城市轨道交通系统。

城市轨道交通全自动驾驶系统按是否配备驾驶员进行分类，可分为有人跟车的全自动驾驶系统和无人跟车的全自动驾驶系统；以运量进行分类，可分为小运量全自动驾驶系统和大运量全自动驾驶系统。全自动驾驶系统的应用方式按全自动驾驶区域范围，可分为正线全自动驾驶系统和含车场的全自动驾驶系统。

全自动驾驶系统是将列车驾驶员执行的工作，完全由自动化的、高度集中控制的列车运行系统完成。全自动驾驶系统具备列车自动唤醒启动和休眠、自动出入停车场、自动清洗、自动行驶、自动停车、自动开关车门、故障自动恢复等功能，并具有常规运行、降级运行和灾害工况运行等多种运行模式。

2. 技术特点

全自动驾驶系统不是重新设计一个或是多个系统，而是根据全自动驾驶运营场景和规则，增加既有系统功能，强化系统关键设备冗余配置，增加系统间接口关系，实现高集成、联系密切自动化控制系统，完善自动化系统安全防护和维护功能。因此全自动驾驶系统的特点主要包括以下几个方面：

(1) 高度自动化、深度集成。

信号与车辆、行车综合自动化、通信等多系统深度集成，提升轨道交通设备系统整体的自动化水平。高度自动化体现在：列车上电、自检、段内行驶、正线区间行驶、车站停车及发车、端站折返、列车回段、休眠断电、洗车等全过程自动控制。

(2) 充分的冗余配置。

信号：在既有设备冗余的基础上，增加了冗余配置，包括车载信号列车头尾终端设备冗余配置、ATO(自动列车运行装置)冗余配置、与车辆接口冗余配置等。

车辆：车辆加强了双网冗余控制，增加与信号、PIS(乘客信息系统)的接口冗余配置等。

(3) 完善的安全防护。

实现列车全过程的安全防护，增强运营人员防护功能，在车站及车辆段增设区域封锁开关，对进入正线及车场自动化区域人员进行安全防护；扩大 ATP(列车自动防护)范围，对车场自动化区域内列车运行进行 ATP 系统防护；增加轨道障碍物检测功能，车上加装脱轨/障碍物检测器实现轨道障碍物检测功能；增加正常及应急情况下各系统联动功能，如列车对讲终端与车载视频，火灾情况下通风、行车、供电、视频、广播、PIS 等联动。

(4) 丰富的控制中心功能。

列车全过程运行的监控；各设备系统检测和维护调度，远程面向乘客的服务。控制中心新增车辆调度及乘客调度，实现车辆远程控制、状态监控及乘客服务的功能；在控制中心车辆调度基础上扩展维修调度，实现供电、机电、信号、通信和车辆的维护调度功能。

(5) 完全兼容常规驾驶模式。

全自动驾驶系统具备联锁、点式及 CBTC(基于通信的列车自动控制)三级控制模式。按照 UTO(完全无人自动驾驶模式)等级建设的全自动驾驶系统，线路具备完整的驾驶模式，可支持从传统的 CBTC 有人驾驶模式平滑过渡到全自动无人驾驶模式。

(二) 技术指标(功能)

全自动驾驶系统技术指标和功能配置详见表 1-2。

表 1-2　全自动驾驶系统技术指标(功能)

序号	功能	DTO	UTO
1	唤醒	M	M
2	休眠	M	M
3	列车进入/退出运营	M	M
4	管理策略确定	M	M
5	计算时刻表或发车间隔偏离	M	M
6	时刻表调整	M	M
7	紧急制动性能测试(中心人机界面上显示)	O	M
8	静止状态下确定初始列车位置	O	M
9	列车驾驶模式的管理	M	M
10	阻止列车进站	M	M

表 1-2(续)

序号	功能	DTO	UTO
11	跳停	M	M
12	扣车	M	M
13	车辆段车辆移动管理(入/出运营)	O	M
14	车门、站台门开启的监督	O	M
15	远程控制车门的开启	O	M
16	门关闭的监督	O	M
17	门关闭的控制	O	M
18	疏散监督(中心直接指挥人员疏散)	O	M
19	轨行区工作人员的防护	M	M
20	监督站台乘客	O	M
21	监督车上的乘客	O	M
22	车载设备故障的响应	M	M
23	提供维护支持	O	M

注:1. DTO,无司机有人监视自动驾驶模式;UTO,完全无人自动驾驶模式。

2. M 表示支持该功能;O 表示不支持该功能。

(三) 使用范围

适用于轨道交通所有在建和扩建项目。

(四) 工程案例

北京市轨道交通燕房线、上海市轨道交通 10 号线。

二、TD-LTE 车地无线通信技术

(一) 技术内容

1. 技术摘要

目前城市轨道交通中 CBTC、PIS、视频监视系统的车地无线通信技术主要有两种:一种是基于 WLAN 技术的车地通信传输技术,另一种是基于 LTE(长期演进)技术的车地通信技术。LTE 是基于 OFDMA(正交频分复用多址接入)技术、由 3GPP(第三代合作伙伴计划)组织制定的全球通用标准。作为一种先进的无线通信技术,LTE 技术在设计时就考虑了满足高吞吐率的需求。以 20 MHz 带宽组网为例,峰值速率下行可达 100 Mb/s,上行可达 50 Mb/s。同时采用扁平化架构,降低控制和用户平面时延。LTE 采用了 OFDM(正交频分复用)、MIMO(多输入多输出)、HARQ(混合反馈重发)等先进技术,有效提高数据速率、频谱效率和抗干扰性,提供综合业务承载的优先级调度和高速移动性支持,并通过抗干扰技术和安全机制保证无线数据业务的安全可靠传输。

TD-LTE 为 TDD(时分复用)版本的 LTE 技术,是中国拥有核心自主知识产权的 4G 国际通信标准技术,是一种专门为移动高宽带应用而设计的无线通信标准。目前国内进行 TD-LTE 产品研发生产的厂家主要有华为、中兴、54 所/鼎桥、普天等,各厂家均能提供成熟的商用产品。

2. 技术特点

TD-LTE 传输技术有着完善的 QoS(quality of service,服务质量)传输管理策略设计,同时在数据链路层专门设计了控制平面和信令来处理多用户接入中出现的各种问题,因此数据传输稳定性有较大的提升。LTE 还具有以下优点:

(1) LTE 具备先进的业务优先级调度算法,可以根据业务的优先级对不同的业务进行调度。LTE 实现 9 个调度优先级,并且按照预定义的可能承载业务类型,对应不同的 QoS 服务质量(延时、丢包等)要求,定义了 9 个 QCI(QoS class identifier,服务质量类别标识),系统根据 QCI 对应的优先级进行资源分配和调度。根据不同业务的要求,可对综合承载的各业务优先级和服务质量(延时、丢包等)定义。为保证 CBTC 等业务的高可靠传输,将 CBTC 承载业务的优先级设置为 1 级,即系统中的最高优先级。

(2) 理论上支持高速列车运行时的正常数据通信。LTE 主要在基站侧接收机采用 AFC(automatic frequency control,自动频率控制)进行频率纠偏。AFC 自动频率控制技术通过快速测算高速带来的频率偏移,补偿多普勒效应,改善无线链路的稳定性,从而提高解调性能。

(3) 覆盖范围大。一方面 LTE 采用先进的信号处理技术,设备的接收机灵敏度高;另一方面,LTE 技术一般使用专用频段,设备可以采用更高的发射功率,使得覆盖范围增大,每个基站射频单元覆盖范围能达到 1 km 以上。

(4) LTE 系统可以采用先进的抗干扰技术避免或减少无线干扰的影响。通常 LTE 采用 ICIC(inter-cell interference coordination,小区间干扰协调技术)进行小区间的干扰协调,采用 IRC(interference rejection combining,干扰抑制合并)技术进行干扰消除。

(三) 技术指标(功能)

TD-LTE 车地无线通信技术指标(功能)详见表 1-3。

表 1-3 TD-LTE 车地无线通信技术指标(功能)

项目	技术指标
抗干扰能力	专用频段,避免干扰; 采用 ICIC、IRC 等多种抗干扰技术,解决系统内干扰问题
数据传输速率	在 10 MHz 频段下,上下行资源 1∶1,下行峰值 20 Mb/s,上行峰值 8 Mb/s。LTE 采用了先进的无线技术(例如 MIMO),将空中接口的资源利用发挥到极限
移动性	采用抗频偏的算法,能够支持 430 km/h 的速度。LTE 已经在上海磁悬浮轨道得到验证,完全可以满足地铁的移动速度要求
频段灵活性	可以根据业务需求灵活申请,支持 1.4/3/5/10/15/20 MHz 组网
网络安全	高
系统架构	组网架构类似
覆盖模式	覆盖距离远,可达 1.2 km
建设和维护成本	可以利用商用通信、警用通信的泄漏电缆,有利于资源共享
覆盖距离	隧道内单个设备覆盖 1.2 km
切换频度	在 80 km/h 的速度下,54 s 切换一次

表 1-3(续)

项目	LTE
切换时间	100 ms
可靠性	电信运营商级别的可靠性设计和生产，关键射频设备的可靠性指标 MTBF＝150 000 h
未来演进	方向明确，演进到 5G 等，是主流方向

（三）使用范围

适用于轨道交通所有在建和扩建项目。

（四）工程案例

目前新建的所有地铁线路。

三、城轨云平台

（一）技术内容

1. 技术摘要

线网信息化系统应搭建基础设施平台。基础设施平台的容量应统筹规划，具备高可用性，可满足轨道交通企业信息化建设、运营、维护的各种技术需求。

线网信息化系统安全保障平台应根据网络安全法和信息安全等级保护条例制定相适应的安全防范机制和策略，为各应用系统间数据交换提供信息安全的标准服务。线网信息化系统信息安全体系架构包括网络安全目标、安全管理保障、安全技术保障和安全运维保障。

线网信息化系统各应用系统根据管理模式及采用的技术，运营生产系统按线网中心-车站级架构，管理信息系统采用中心集中处理结构。运营生产系统和管理信息系统宜设置云平台，云平台按各系统所在的网络划分进行相应部署。

2. 实施要点

线网信息化系统云平台应为运营生产系统、管理信息系统等各应用系统提供 IaaS（基础设施即服务）、PaaS（平台即服务）、SaaS（软件即服务）等多层级的服务。

(1) 云平台系统至少应为运营生产系统、管理信息系统的各应用系统提供 IaaS（把服务器、存储和网络等基础设施池化，为信息化业务提供计算、存储、网络和安全等服务）。

运营生产系统可分系统、分阶段提供 PaaS 服务（把数据共享、数据通信、数据库和应用容器等平台资源以服务形式提供给线网信息化系统业务）。当轨道交通企业数据中心阶段性完成，积累大量的结构化及非结构化数据，有数据分析挖掘需求的条件下，可在 PaaS 层基础上进行数据挖掘服务。

管理信息系统宜采用 PaaS 层或 SaaS 层服务。

(2) 三大网络主要负责业务如下：

① 生产指挥网：包括各线路中央级功能和线网指挥功能。如：列车运行图管理、列车自动控制（ATC）及电力监控系统（PSCADA）、站台门系统、综合监控系统（ISCS）、清分结算系统（ACC）、闭路电视监控系统（CCTV）、环境设备监控系统（BAS）、火灾自动报警系统（FAS）和门禁系统等的管理。

② 企业管理网：包括办公自动化（OA），资源管理（人力、财务、物资、设备等），车辆、工务、电务、供电管理及综合维修管理等系统。

③ 外部服务网：乘客服务、智慧出行和智慧商务等外部服务系统。

（二）技术指标（功能）

1. 计算设备

应支持多种计算资源虚拟化，包含但不限于 VMware、KVM、Xen Server 和 Hyper-V 等平台。

应在同一主板上支持 1 个或多个 CPU 插槽，应在提供多个 CPU 插槽的同时支持用户选配不同数量的 CPU，CPU 硬件平台应支持虚拟化。

应支持当前业界主流的内存条，应支持内存高可用技术；宜支持内存热备份技术。

硬盘应冗余配置，应支持热插拔，不能因单硬盘故障更换而影响业务；面板可拔插硬盘应支持 SAS、SATA 标准接口，内部缓存加速类硬盘应支持 PCIE、DDR4 接口。

应支持高级 RAID10 功能，支持三块盘镜像；应支持使用 SSD 盘增强阵列卡缓存。

网卡应支持 1 Gb/s 或 10 Gb/s 及以上带宽。

服务器本地硬盘应采用 SAS/SATA 接口，对外应支持基于 SAS/iSCSI/FC 等多种接口的存储系统，应支持 IO 缓存卡或加速卡。

系统 IO 插槽数量及集成网络端口数量应可扩展。

电源应符合 80Plus 行业标准，使用的电源应为 AC 220 V 或者 240 V 高压、48 V 直流供电；电源散热应支持 A3/A4 机房要求。

2. 存储设备

应支持多控架构；应支持 SAN 和 NAS 的统一存储。

应支持多种类型接口，包括但不限于 8/16Gb FC、GE、10GE、FCoE 等接口类型。

应支持自动 SAN 分区功能。

应支持存储 SSD 缓存加速功能。

应支持多种 RAID 模式（0、1、5、6、10），应支持 RAID 组或 LUN 容量在线扩展。

应支持不同类型硬盘（包括但不限于 SSD、SAS、NL-SAS、SATA）的混插。

应支持存储 QoS 功能，能够按照 IOPS（每秒读写次数）、吞吐量、响应时间等维度进行策略调整。

应支持存储数据自动分层功能；根据数据的活动状况，应自动将活动数据调整到高速磁盘上，将非活动数据放置到大容量磁盘上。

应设置迁移策略和指定数据的初始位置，迁移过程应对主机透明，无须停机。

应支持数据在线迁移功能，应支持从异构存储数据迁移功能。

应支持多租户功能。

应支持 OpenStack 接口。

3. 视频云存储

应支持横向扩展，应支持节点的实时在线扩容。

所有节点应组成一个完整的文件系统，应用可通过任意节点、任意前端网络访问文件系统内的数据。

应提供单一命名空间，应支持全局命名空间。

应支持并提供功能全面的管理软件，基本功能包括但不限于监控分析、趋势预测、性能对比、诊断分析及提供统计报表等。

4. 分布式存储

应支持全对称分布式架构，支持横向扩展，性能、容量随节点数增加而线性增加。

应保证所有节点的数据存储控制器功能一致、地位均等，且数据均衡分布。

应支持多个数据副本，每个副本分配在不同服务器/不同磁盘上，单个硬件设备的故障不影响业务；应保证各个数据副本的一致性。

应支持创建多个存储资源池。

主存储介质应包括但不限于 SATA 盘、SAS 盘、NL SAS 盘、SSD 卡和 SSD 盘等。

应支持直通模式的 RAID 卡，至少支持 RAID0 和 RAID1。

所有节点的电源和风扇应保证冗余。

（三）使用范围

适用于轨道交通所有在建和扩建项目。

（四）工程案例

武汉、呼和浩特、苏州等城市的轨道交通项目。

第四节 暖通空调新技术

一、蒸发冷凝空调技术的应用

（一）技术摘要

蒸发冷凝的原理就是在风冷冷凝器上喷水，依靠水的蒸发带走冷凝热。与风冷相比，冷凝温度一般在 38 ℃以下，每千瓦冷量需要的冷凝风量约为 125 m^3（是风冷方式的 1/4），风机能耗仅为风冷式的 1/2；与水冷相比，冷却水泵的容量大幅降低，并且冷凝温度低，压缩机能耗降低，每千瓦冷量的压缩机能耗、风机能耗、循环水泵能耗在 0.21 kW 左右。

（二）技术特点

(1) 结构上将冷凝器和冷却塔合二为一，取消冷却水系统，可以节约冷却水系统的能耗，降低系统运行费用。

(2) 安装方式灵活，可以安装在风道、冷冻机房、室外地面等各处，若放置在地下则节约了地面占地，若放置在风道则节约了车站主体内冷冻机房面积；也可在车站两端各设一个小型冷冻站，无须使冷冻水通过车站公共区，使用灵活。

(3) 由于蒸发式冷凝空调机组冷凝效率的提高，以及不需要冷却水塔、冷却水泵和冷却水管网系统，冷凝温度一般在 38 ℃；每千瓦冷量需要的冷凝风量约为 110～160 m^3，相当于传统冷却塔所需风量的 1/2；每千瓦冷量循环水量为 10～12 m^3，相当于水冷冷凝器所需水量的 1/2；冷却水泵扬程为 5 m，相当于传统水冷冷凝水泵扬程的 1/4；综合压缩机、冷却泵、风扇能效比约为 4.2，系统上比水冷机组节能 15%以上，比一般风冷机组节能 35%以上。

(4) 轨道交通地下车站采用蒸发冷凝系统后，经过优化建筑方案，调整房间布局，缩短了车站长度近 10 m，从而节约了土建造价，对工程方案的造价有非常好的示范效果。

(5) 能否最大限度发挥蒸发式冷凝系统的性能特点是设计中应考虑的要点。应结合车站周边及线路的实际情况，采用合理的布置，既不会对车站的规模与实施产生很大的影响，也能发挥蒸发式冷凝系统的优点。

（三）适用范围

采用冷水系统制冷的轨道交通地下车站均可以采用蒸发冷凝空调技术；空调季节越长的地区，节能效果越明显。

（四）工程案例

北京地铁1、2号线部分车站，青岛地铁13号线，石家庄地铁1、3号线，杭州地铁等。

二、可调通风型站台门系统的应用

（一）技术原理

可调通风型站台门是结合了传统全高封闭型站台门和全高非封闭型站台门的优点，即在站台门门体上安装门机及控制设备的顶箱上方设置开闭式转换装置，在夏季空调季节关闭转换装置，通风采用屏蔽门系统制式运行；在非空调季节打开转换装置，通过活塞风进行候车站台的换气，通风采用安全门制式运行，以实现车站通风空调系统的节能目的，大约能节省10%的通风空调系统能耗。

（二）技术特点

(1) 能根据不同季节通风系统的运行需求，实现通风空调系统屏蔽门制式与安全门系统制式的转换，达到节省通风空调系统运行能耗的目的，体现绿色轨道交通的设计理念。

(2) 上部开闭式转换装置可以采用百叶加风阀的形式，需考虑外部美观性，对开闭式装置的外部结构进行美化设计，实现车站整体的美观效果。

(3) 实现上部转换装置的灵活控制，适应各种工况的运行需求，正常情况下，转换装置的驱动机构由BAS系统进行自动控制，BAS系统控制故障的情况下可采用站台门设备室电动控制模式，在上述两种控制方式均故障的情况下，可在现场实现手动控制。

（三）适用范围

公共区采用空调系统的轨道交通地下车站均可采用可调通风型站台门系统；过渡季节越长的地区，节能效果越明显。

（四）工程案例

青岛市轨道交通1号线、2号线、11号线、13号线，济南市轨道交通1号线等。

第二章　城市轨道交通弱电系统工程施工质量控制

第一节　通信系统质量控制

一、通信线路子系统质量控制

（一）托架、托板、吊架、支架、桥架、线槽

（1）敷设和固定通信电缆的托架、托板、吊架、支架、桥架、线槽其材质、类型、规格、尺寸和工艺要求符合设计规定。

（2）器材应无锈蚀、无裂痕，各种组件配套安装齐全，无漏装、无短缺。

（3）安装地点、位置、路由和固定方式符合设计规定。

（4）正线区段托架、托板、桥架安装应横平竖直，保持架与架之间水平整齐，过渡线等特殊处所的安装固定方法符合设计规定或设计、施工、监理和建设单位共同洽商纪要规定。

（二）电缆

（1）电缆规格、型号、电缆单盘技术指标符合产品技术条件规定。

（2）各种电缆布放路由和敷设方式符合设计及定测图的规定。

（3）电缆敷设符合设计、施工与验收规范规定。

（4）电缆接续与成端符合施工与验收规范规定。

（5）交接、分线设备的规格、程式、数量、安装位置符合设计规定。

（6）通信电缆电气特性符合下列规定：每千米环路电阻值不大于计算值（20 ℃）。0.5 mm 直径的铜芯线计算值为 190 Ω/km。芯线绝缘电阻：填充型聚乙烯绝缘电缆芯线间及芯线对地不小于产品出厂技术条件。不平衡电阻：两芯线两线间全程小于 2 Ω。主干电缆在任何线对间的近端串音衰减不应低于 65 dB。

（7）电缆布放应平直，不得扭绞、交叉，电缆弯曲最小曲率半径应大于电缆外径的 15 倍。

（8）电缆外观应无划痕、无损伤。

（9）电缆防高压、防虫鼠害、低烟、无卤、阻燃、防腐蚀、防紫外线（高架段）的聚乙烯材料等满足设计规定。进出机房电缆管孔，工程竣工后应予以封堵。

（三）漏泄同轴电缆

（1）漏泄同轴电缆规格、型号、单盘技术指标符合产品技术条件规定。

（2）漏泄同轴电缆布放路由和敷设方式符合设计规定。

（3）漏泄同轴电缆布放应平直，不得扭绞、交叉，弯曲最小曲率半径应大于电缆外径的 15 倍。

（4）漏泄同轴电缆外观应无划痕、无损伤。

(5) 漏泄同轴电缆防高压、防虫鼠害、低烟、无卤、阻燃、防腐蚀、防紫外线(高架段)的聚乙烯材料等满足设计规定。进出机房电缆管孔,工程竣工后应予以封堵。

(四) 光缆

(1) 光缆的单盘检验应包括下列内容:

① 检查单盘包装标记、端别、盘号、盘长。光缆的结构、制式,以及维护方式符合设计规定。

② 根据光缆出厂合格证和测试记录,审核光纤性能是否符合设计规定。

③ 测试单盘光缆光纤的衰减和长度是否符合设计规定。

(2) 光缆接头盒及其附件的规格符合设计规定。

(3) 光纤活动连接器应具有良好的重复性、互换性,其连接损耗值及尾纤的特性和长度符合设计规定。

(4) 光缆敷设路由位置与敷设方式符合设计规定。

(5) 光缆不得受冲击力、扭转力和重物碾压,无破损、变形或扭伤。光缆不得随意断开,接头设置在规定地点,其接头套管密封严密。

(6) 光纤接续及光缆护套接续均符合安装工程施工规范。

(7) 光缆引入成端方式及安装位置符合设计规定。室内光缆不得与其他线路交叉。

(8) 光缆防高压、防虫鼠害、低烟、无卤、阻燃、防腐蚀、防紫外线(高架段)的聚乙烯材料等满足设计规定。进出机房电缆管孔,工程竣工后应予以封堵。

(9) 光缆中继段测试符合下列规定:光缆中继段接续完成后,在两个站的光纤配线架或终端盒间,应对每根光纤进行衰减测试。光缆中继段光纤线路衰减的测试值应小于光缆中继段光纤线路计算值。

(五) 交接分线设备

(1) 交接分线设备包括电缆交接箱、分线盒、光纤分配架和数字分配架。

(2) 交接分线设备的规格、程式、数量、安装位置及设备内的端子编号符合设计规定。

(3) 成端电缆把线应按顺序出线,芯线不得有接头,芯线线对扭绞不得散乱,线束应松绕,不得紧缠。成端电缆线对应与交接箱端子号对应正确,不得颠倒或错接。

(4) 交接分线设备内的跳线布放路由合理,不得交叉扭绞,不得损伤芯线和绝缘层,跳线中间不得有接头。

(5) 落地式交接分线设备应严格防潮,穿电缆的管孔的上、下管口应封堵严密,交接箱的底板进出口缝隙也应封堵。

二、传输子系统质量控制

(一) 传输设备安装

(1) 光、电缆走线架和槽道的型号、规格符合设计要求。

(2) 光分配架、数字分配架等引入设备和配线设备的型号、规格符合设计要求。

(3) 光电数字传输设备的型号、规格符合设计要求。

(4) 机架电路插板的数量、规格和安装位置符合设计要求。

(5) 机架地线必须连接良好。

(6) 机械室内走线架、槽道安装位置和走向符合设计要求。

(7) 引入设备和配线设备的安装位置和走向符合设计要求。

(8) 光电数字传输设备的安装位置和走向符合设计要求。

(二) 传输设备配线

(1) 配线电缆、同轴电缆和电线的型号及规格符合设计要求。

(2) 配线电缆、同轴电缆和电线的芯线应无错线或断线、混线，电缆芯线间的绝缘电阻符合以下规定：配线电缆≥50 MΩ，同轴电缆≥1 000 MΩ。

(3) 配线电缆近端串音衰减不应小于 78 dB。

(4) 配线电缆、同轴电缆应与其他电源线分开绑扎，配线在槽道内应按机列、机架顺序平直排列整齐，电缆槽道内配线顺直，列间电缆、电线均匀分布在槽道内。

(5) 编扎电缆芯线做到电缆剖头长度符合使用要求，保持好电缆芯线的扭绞，布线不能过紧，转弯圆滑，分线按色谱顺序，余留芯线长度能满足更换编线最长芯线的要求。

(6) 配线焊接后绝缘不应有烫伤、开裂及后缩现象。绕接绕线要严密、紧贴，不得有叠绕。铜线除去外皮后，在绕线柱上的最少匝数：当芯线直径为 0.4 mm、0.5 mm 时应为 6～8 匝，0.6～1.0 mm 时为 4～6 匝。不接触绕线柱的部分不宜露铜，卡接电缆芯线的卡接端子必须牢固。

(三) 设备单机特性检验

设备应提供单机出厂检验合格证和检验记录，设备光口平均发送光功率和灵敏度、接口平均发送功率、告警功能等满足技术规格书要求。

(四) 系统测试

系统测试应进行以下项目测试并满足设备技术指标：

(1) 24 h 误码率测试。

(2) 接收光功率。

(3) 抖动性能测试。

(4) 以太网性能测试：带宽共享测试、保护倒换测试、流量控制及优先级处理测试。

(5) 故障时环路自愈功能正常。

(6) 公务电话功能。

(7) 手持控制终端功能正常。

(五) 网管功能

(1) 告警和控制功能。

(2) 检验网管系统管理范围。

(3) 其他功能试验符合系统设计规范规定。

(4) 各项功能检查试验完整、准确，并能提供清楚规范的记录。

三、公务电话子系统质量控制

(一) 机架安装

(1) 机架的排列、安装位置及方向符合设计规定。

(2) 机架外观完好，各种标志清晰、准确，零部件齐全，机内不得有杂物。

(3) 机架内连接插件平直整齐，电路板导轨平滑无阻碍，电路板锁定器件齐全可靠，机架内电路板数量、规格、安装位置与设计文件相符。

(4) 总配线架型号、规格、容量、安装位置、方向符合设计规定，各种附件、备件齐全完整。

(5) 接线模块安装整齐、牢固。

(6) 电缆槽、走线架规格、组装方式、安装位置符合设计规定。

(7) 电缆槽安装尺寸应与机架排列位置相对应，并且符合设计规定。

(8) 配线电缆的单线对地绝缘电阻符合电缆施工规范。

(二) 设备配线

(1) 布放电缆的规格、路由、位置符合设计规定。

(2) 电缆槽或走线架中电缆应排列整齐，外皮不得损伤，符合施工规范。

(3) 卡接电缆芯线应平整、牢固不松动，接触良好。

(4) 设备接地装置及接地电阻符合设计规定。

(三) 设备检查与系统检测

(1) 设备各种保险规格符合技术条件。

(2) 列架、机架接地良好。

(3) 设备硬件测试符合设备技术条件：

① 整流器输出电压正常。

② 外围设备自测正常。

③ 告警装置正常。

④ 设备自检正常。

(四) 系统检验

(1) 系统初始化后，交换机各模块应处于正常运行状态。

(2) 系统自动/人工再装入后应运行正常。

(3) 系统自动/人工再启动后应运行正常。

(4) 系统的呼叫接续及复原控制方式符合规范。

(5) 主控设备倒换正常。

(6) 系统维护管理功能及故障诊断良好。

(7) 机架内不应遗留螺丝、螺帽、芯线头等杂物。

(8) 设备内电源布线不应有接地、破皮现象。

(9) 系统功能测试符合设计规定，内容包括：

① 用户分类。

② 新业务性能。

③ 计费功能。

④ 非电话业务。

⑤ 与传输设备的配合。

⑥ 时间监视及强迫释放。

⑦ 话务台功能(包括根据业务类型完成接续、对交换系统的维护功能)。

⑧ 集中维护功能。

⑨ 集中告警功能。

（五）设备检查与系统检测

（1）处理能力、超负荷能力测试。

（2）性能测试。

① 本局呼叫：包括正常通话、摘机不拨号和位间超时、拨号中途放弃、久叫不应、被叫忙、呼叫空号。

② 出入局呼叫：对每个直达局的中继线做100%呼叫测试。

③ 复原方式：主叫控制、被叫控制、互不控制。

④ 长时间通话测试：将12对用户通话保持48 h。

（3）局间中继测试：包括位间超时、拨号中弃、久叫不应、正常通话、中继忙、被叫应答、一方先挂释放、呼叫空号。

（4）接续故障率测试：

① 采用模拟呼叫器测试时，接续故障率不应大于4×10^{-4}。

② 采用人工拨号测试时，接续故障率不应大于5×10^{-2}。

（5）电话机、电话插销：

① 各种电话机及区间电话插销安装位置、规格、型号、数量、标牌、固定方式应符合设计要求。

② 单线对地、线间绝缘电阻$>$20 MΩ。

③ 焊点牢固，无假、错、漏、混焊。

④ 通话清晰（主、被叫）。

四、无线通信子系统质量控制

（一）设备安装与配线

（1）无线通信系统所属设备（包括集群交换机、集群基站、调度台等设备）的安装位置、安装方式应符合设计规定。

（2）无线通信系统所属设备及其附、备件齐全完整、漆饰良好。

（3）无线通信系统所属设备的配线应符合设计规定及常规标准。

（4）基站天线安装方式、位置应符合设计规定。基站天线应在消雷器45°保护角之内。防雷系统电阻应符合设计规定。

（5）无线通信系统所属设备应提供出厂合格证和出厂检验记录、国家无线电办公室型号注册及项目检验核定书。

（二）技术指标

1. 无线电台（包括固定台、车载台、便携台）设备的性能指标

（1）输出功率。

（2）频率稳定度。

（3）接收灵敏度。

（4）共道抗扰性。

（5）邻道抗扰性。

（6）音频失真。

（7）固定台、车载台的天线增益、驻波比。

(8) 车载台的电源 DC/DC 转换器的电特性指标。

2. 基站设备的性能指标

(1) 输出功率。

(2) 频率稳定度。

(3) 邻道功率。

(4) 离散发射。

(5) 互调衰减。

(6) 接收灵敏度。

(7) 共道抗扰性。

(8) 邻道抗扰性。

(9) 互调响应抗扰性。

(10) 寄生响应抗扰性。

(11) 阻塞电平。

(12) 基站天线增益、驻波比。

3. 光纤直放站设备的性能指标

(1) 发送光功率。

(2) 光接收灵敏度。

(3) 驻波比。

(4) 下行输出电功率。

(5) 上行最小接口电平。

(6) 设备时延。

4. 集群系统控制中心设备的性能指标

(1) 支持用户数。

(2) 支持载频数。

(3) 支持基站数。

(4) 支持调度台数。

(5) 控制中心设备与其余设备的接口:包括与调度台、网管、基站、公务电话交换机等的接口。

(三) 系统功能

(1) 呼叫功能符合用户需求书中的要求:包括单呼、组呼、通播、电话互联呼叫、繁忙排队/自动回叫、紧急呼叫、车组号呼叫、车次号呼叫等所有功能。

(2) 数据传输功能符合用户需求书中的要求。

(3) 调度台功能符合用户需求书中的要求。

(4) 车载台增强功能符合用户需求书中的要求。

(5) 网管功能符合用户需求书中的要求:集群系统网管、光纤直放站网管。

(6) 主要设备(集群交换机、基站等)应具有告警功能。

(7) 系统的质量指标应符合设计规定:无线覆盖可通率≥95%(按车载台计算)。

(8) 话音质量指标:三级话音(音频带内信噪比≥20 dB)。

五、专用电话子系统质量控制

(1) 专用电话系统开通试验符合下列要求：

① 主系统、分系统断电时有声光告警功能。

② 主系统的操作台(调度台)对全线调度分机具有单呼、组呼、全呼、会议及强拆功能，并具有通话状态显示。

③ 分系统的操作台(值班台)对站内专用电话系统各用户可实现单呼、组呼、全呼及会议功能，也可实现站间通话，并具有通话状态显示。

④ 网管系统具有配置管理、故障管理及安全管理功能。

⑤ 通道数字录音仪具有对调度台、广播系统等的录音功能。

⑥ 数字录音仪热备用倒换正常。

(2) 各种通话质量清晰。

(3) 数字专用电话系统的发送电平和接收电平符合设备技术条件规定。

(4) 当前台操作台发生故障时，应由接至后台的普通话机代替工作。

(5) 在数字通道故障时自动切换至模拟通道。

(6) 主、备用自动倒换功能。

(7) 单、双工通话功能。

(8) 型号、规格、安装地点、安装数量符合设计规定，各附件齐全，设备有铭牌。

(9) 按键、按钮、插头接触良好。

(10) 程控调度主系统、操作台及分系统等设备配线、绑扎符合施工规范。

(11) 设备配线不得有接头、错线、断线、混线、接地等情况。

(12) 配线卡接时不得有错、漏、虚接。

(13) 线缆应排列整齐、外皮不得破损。

(14) 线缆单线对地绝缘符合施工规范。

(15) 线缆无虚接、断芯。

(16) 线缆符合设计规定。

六、广播子系统质量控制

(一) 电气性能要求

(1) 电源电压及保险丝容量符合设计规定。

(2) 话筒前级放大器的输出电平、失真度、频率特性等各种指标符合技术要求。

(3) 功放器的技术指标符合技术要求。

(4) 系统通道特性符合设计规定。

(二) 功能试验要求

(1) 手动与自动切换功能正确、可靠，工作状态不中断。

(2) 开机、关机、停机性能可靠，指示灯仪表指示正常。

(3) 选区功能正常、监听正常、报警正常，音质、音量调节功能正常。

(4) 各种信号显示和保护电路动作准确。

(5) 中心命令的发送与接收及回示信号的接收与返回皆准确、可靠。

(6) 系统工作正常时，优先级别高的用户可强行插入工作。

(7) 与FAS系统联动功能。

(8) 收到上、下行列车到发信息时可自动广播。

(9) 中心及车站网管功能正常。

(10) 在各种控制情况下的广播，音质均清晰、无杂音。

(11) 电源切换时设备应能正常工作。

(12) 网管功能正常。

(三) 站场扩音对讲设备开通试验要求

(1) 开、关扩音电路动作正确，从各发话点(包括扩音柱)进行扩音，声音应清晰、不失真、无杂音。

(2) 主、备用扩音机转换电路动作正确。

(3) 扩音机盘面电表指示应正确，表针无卡阻现象。

(4) 对讲系统从各扩音柱向室内值班员进行呼叫、应答、通话、终话等电路动作应正确，通话清晰、音量适当。

(5) 扩音主控电路动作正确。

(四) 设备安装与配线要求

(1) 广播机柜、操作台、操作盘、网管终端、扬声器、话筒设备的型号、规格、安装数量、设置地点符合设计规定，各附件齐全，设备有铭牌。

(2) 广播机柜、操作台、操作盘的安装牢固、垂直、端正，机柜排列整齐。

(3) 扬声器安装牢固，角度符合设计规定，同路多个扬声器的极性应一致。

(4) 零附件安装正确。

(5) 设备元器件及机柜齐全。

(6) 按键、按钮、插头、插入式电路板接点接触良好。

(五) 配线、布线要求

(1) 广播机柜、操作台、操作盘输出配线正确，外配线采用方式符合设计规定，线槽内电缆、电线排列整齐，层次分明，不得扭绞，不得溢出线槽。

(2) 功放柜、操作台、操作盘、各分盘设备间配线整齐，不得有错线、断线、接头、混线和接地等情况。

(3) 广播线敷设与电话线同槽时，广播线要采取屏蔽措施。

(4) 广播线敷设时各扬声器引入接续处应焊接牢固并加防潮措施，绝缘电阻符合设计规定。

(六) 焊接要求

焊接应牢固，无错、假、漏、混焊。

七、时钟子系统质量控制

(一) 设备电气性能要求

(1) 设备电源电压、保险丝容量符合设计规定。

(2) 中心母钟输出校时信号间隔及持续时间符合技术指标。

(3) 中心母钟的浮充电池在电源切断时应能按指标正常工作。

(4) 中心母钟走时精度符合技术指标。

(5) 二级母钟走时精度符合技术指标。

(6) 子钟走时精度符合技术标准。

(二) 开通试验要求

(1) 中心母钟应正常接收外校时信号(GPS、CCTV)。

(2) 中心母钟自动或人工转换电路动作准确,工作状态不中断。

(3) 中心母钟、二级母钟设备的微机管理系统能监测二级母钟的运行状态,能显示处于故障状态下的二级母钟位置及故障内容,有自动声光报警。

(4) 电源切换时,中心母钟运行不受影响。

(5) 二级母钟可接中心母钟发来的校准信号校准自身时间,并发送标准时间信号,控制驱动所属范围的子钟,可校准数字或指针式的子钟。

(6) 二级母钟脱网可独立运行。

(7) 主备通道切换功能正常。

(8) 电源切换时,二级母钟设备运行不受影响。

(9) 子钟受二级母钟控制,直接显示时、分、秒时间信息,显示清晰、亮度适中,并可脱网独立工作。

(10) 网管功能正常:中心母钟手动/自动转换正确;显示系统网络的拓扑结构;自动巡检各车站二级母钟、子钟的运行状况,包括时间编码准确与否、时延大小、有无故障和故障内容等;能够检测中心设备各路信号的相位时延关系,提供精细、直观、全面的比对和记录;有故障发生时呈黄色或红色显示,并发出声光报警,报警声音可以选择设定。

(三) 设备安装要求

(1) 接收装置、中心母钟、二级母钟、子钟、微机管理设备的型号、规格、安装数量、设置地点符合设计规定,各附件齐全,设备有铭牌。

(2) 中心母钟机柜、二级母钟机柜的安装应牢固,垂直,端正,机柜排列整齐。

(3) 壁挂和吊挂子钟安装牢固,横平竖直。

(4) 零附件安装正确。

(5) 设备元器件及机柜齐全。

(6) 按键、按钮、插头、插入式电路板接点接触良好。

(四) 设备配线、布线要求

(1) 中心母钟、二级母钟输出配线、外配线采用方式符合设计规定,线槽内电缆、电线排列整齐,层次分明,不得扭绞,不得溢出线槽。

(2) 子钟布线的路由、绝缘电阻符合设计规定。

(3) 焊接焊点应牢固,无错、假、漏、混焊。

八、电视监视子系统质量控制

(一) 设备安装与配线要求

(1) 设备安装数量、位置、方式、强度符合设计规定。

(2) 设备及其附、备件齐全完整、漆饰良好。

(3) 传输线路及其他配线采用的电缆、电线类型、规格及径路符合设计规定。

(4) 视频电缆、电源线绝缘电阻符合设计要求。

(5) 电缆和配线焊接应牢固,无假焊、脱焊,绝缘层无烫伤、后缩现象。电缆配线、尾纤、绑扎整齐并做线标,中间不得有接头。

(二) 电气性能检测

(1) 彩色摄像机视频输出电平符合设计规定。

(2) 摄像机自动调焦、聚焦及云台控制功能符合设备技术条件,无烧灼、无噪声,功能齐全、可靠。

(3) 控制及终端显示设备可调器件灵活、控制有效。

(4) 中心及车站设备告警功能良好,指示正常。

(5) 录、放像功能正常良好。

(6) 图像质量可按五级损伤制评定,图像质量不应低于 4 级。

(7) 图像质量的信噪比应不小于 36 dB。

(8) 图像水平清晰度彩色电视系统不低于 270 线。

(9) 图像画面的灰度不应低于 8 级。

(10) 系统的各路视频信号,在监视器输入端的电平值应为 1 Vp-p。

(三) 系统功能

(1) 车站使用功能:监视图像显示范围、部位、字符及自动、手动切换控制符合设计规定。

(2) 中心监视控制功能与遥控功能:监视图像显示范围、部位、字符时间日期及自动、手动切换控制符合设计规定。

(3) 电源系统能分路顺序接通供电。

(4) 中心设备的告警功能良好,显示正常。网管系统符合设计规定。

(5) 网管功能正常,实时监视所有电视监控设备的工作状态:摄像机输出信号、键盘工作状态、四画面输出。对于故障情况及时进行多媒体声音及图像报警并打印报警报告。具有告警过滤和遮蔽功能。

九、乘客信息子系统质量控制

(1) 电子显示设备屏幕的安装位置应不受外来光直射,周围没有遮挡物。

(2) 电子显示设备支撑架的检查。

(3) 配线、电源线、地线的检查。

(4) 文本 LED 显示屏和图文 LED 显示屏的动画、文字显示,分区、分路文字显示功能及显示规格。

(5) 车站显示系统的以下功能应符合设计要求:

① 优先级显示功能。

② 分区、分路显示功能。

③ 自动、手动、紧急 3 种显示方式。

④ 自动生成或随时变更修改显示。

⑤ 自动倒换至备用显示控制设备。

⑥ 与车站控制设备的时间同步。

(6) 控制中心应能全选、单选、组选车站和各显示区进行显示，能根据实际需要设置显示优先级。

(7) 控制中心应能向车站发送列车运行信息，并能按预设程序自动播放。

十、综合布线、集中告警子系统质量控制

(1) 设备安装与配线。

(2) 电源引入及接地。

(3) 设备性能检查与复核。

(4) 系统功能检查与验证。

十一、电源与接地子系统质量控制

(一) 交流配电柜

(1) 配电柜的型号、设备布置和安装方法、安装位置、端子配线及相序符合设计规定，机架安装应牢固、排列整齐一致。

(2) 配电柜和附、备件应齐全完整，箱内配线完整正确，接触器的可动部分动作灵活，各种保险、空气开关规格符合要求，接触紧密良好，机盘无锈蚀、漆饰完好。

(3) 配电柜内部配线的芯线间和芯线对地绝缘电阻不应小于 1 MΩ。

(4) 配电柜通电试验符合下列规定：

① 馈入馈出线路配线符合设计要求，测试记录清楚，标牌正确、明显。

② 保护电路应动作正常，各种可听、可视告警信号应显示良好。

③ 电表应指示正确。

④ 空气开关、保险等在正常负荷情况下，无过热现象。

⑤ 交流配电柜应有良好的接地防护设施。

⑥ 配电柜内配线、螺栓、螺母无松动或脱落情况。

(二) 蓄电池组

(1) 蓄电池柜(架)符合设计规定。

(2) 蓄电池的型号、容量、蓄电池组的电压和排列位置符合设计和产品技术条件。

(3) 蓄电池安装及馈电线连接符合设计规定。

(4) 电源线电压降从蓄电池至设备端子间，不应大于 2 V。蓄电池至 UPS 压降应符合设计要求。

(5) 蓄电池排列整齐，距离均匀一致。

(6) 蓄电池完整无损坏。

(7) 蓄电池连接应接触良好，馈电母线应与蓄电池垂直连接，并标明极性，“＋”极为红色，“－”极为蓝色。

(8) 蓄电池单体电压、电池组电压及其开路电压符合产品技术条件。

(9) 蓄电池外壳无破裂，电池液无外溢，密封阀无松动。

(10) 下列情况进行均衡充电后应达到产品技术条件：

① 指示电池的浮充电压小于产品技术指标时。

② 紧急放电后，电池需要在短时间内再充电时。

③ 单体电池的电压值参差不齐时。

（三）高频开关电源

(1) 高频开关电源的型号、容量、设备布置、端子配线等符合设计规定。

(2) 高频开关电源的安装应包括交流配电单元、直流配电单元、整流模块和监控单元，应按产品说明书进行安装。

(3) 通电试验符合产品技术条件：

① 输入电压、输出电压变动范围符合设计要求。

② 输出电压和电流值在额定范围内运转正常。当输出电压过高、过低时，应能通过键盘操作或自动实现整流模块的开关和电池充电均浮充控制。

③ 当电网掉电，电网电压过高、过低或电网三相不平衡时应发出告警信号。

（四）不间断电源

(1) 不间断电源的型号、电气性能、技术指标、安装位置、安装方法、电源相序等符合设计规定。

(2) UPS 可以进行远程报警、充电显示、温度过高等性能检查。

(3) UPS 设备应有输出过电压防护措施。UPS 的过电流保护能保证在负载发生短路或电流超过允许的极限时及时动作。

(4) UPS 设备的输入、输出切换反应时间符合设计规定。

(5) UPS 设备的过载能力符合设计规定。

(6) 设备安装符合下列规定：

① 设备安装平稳、漆层无损伤。

② 冷风口保持清洁，使冷却空气循环通畅。

③ 设备面板和内部仪表等指示正确。

④ 主开关、控制开关及旁路开关动作灵活、可靠，接触点压力适当。

⑤ 设备外壳接地良好。

(7) 充电器、逆变器及相关蓄电池组应安全可靠，不间断地为设备提供交流电。输入断电，自动转蓄电池供电给逆变器。逆变器故障时，可通过静态开关（或手动开关）接通旁路电源供电。

（五）电源网管功能

(1) 告警和控制功能。

(2) 其他功能试验符合系统设计规范规定。

(3) 各项功能检查试验完整、准确，并能提供清楚规范的记录。

（六）电源配线

(1) 电气指标：直流馈电线连同所接的列内电源线和机架引线，正、负线间和负线对地绝缘电阻不应小于 1 MΩ；交流电源线的芯线间和芯线对地绝缘电阻不应小于 1 MΩ。

(2) 各种电源配线的规格、敷设径路和走线固定方法符合设计规定。

(3) 电源配线的布放不得有急剧转弯和起伏不平，严禁扭绞和交叉。交、直流电源配线应分开布放，不得绑在同线束内。电源端子配线应正确，配线两端的标志齐全。

（七）通信设备接地

(1) 接地装置的种类、埋设位置、用材规格、引入方式及接地电阻等符合设计规定。机房地线盘焊接应牢固，导电良好。

(2) 接地铜排符合下列规定：

① 接地铜排和螺栓应结合紧密、导电性能良好。

② 接地铜排端子分配至通信设备的接地配线的线种和截面应符合设计规定。

(3) 设备可靠接地。

第二节　信号系统质量控制

一、信号系统箱盒安装质量控制

(1) 终端电缆盒安装要求：正线水泥地面采用镀锌支架安装。碎石道床采用水泥基础安装。

(2) 电缆盒用于道岔时，引线孔与电转机的引线孔对齐(在岔尖后 100 mm)，盒中心距钢轨内沿 2 000 mm，基础顶面与轨底面相平。

(3) 电缆盒用于信号机时，安装高度随信号机高度。用于接续时其引线孔应面向信号楼，基础顶面应高出地面 150～200 mm，地势较低时，应用混凝土铺垫以满足要求。

(4) 终端电缆盒端子编号从支架开始，顺时针方向依次编号。

① HZ12 终端电缆盒端子编号如图 2-1 所示。

② HZ24 终端电缆盒端子编号如图 2-2 所示。

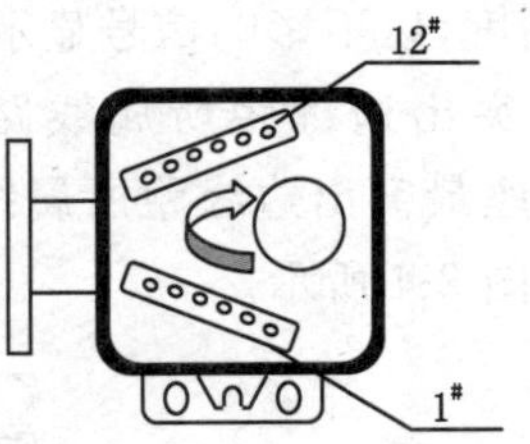

图 2-1　HZ12 端子编号

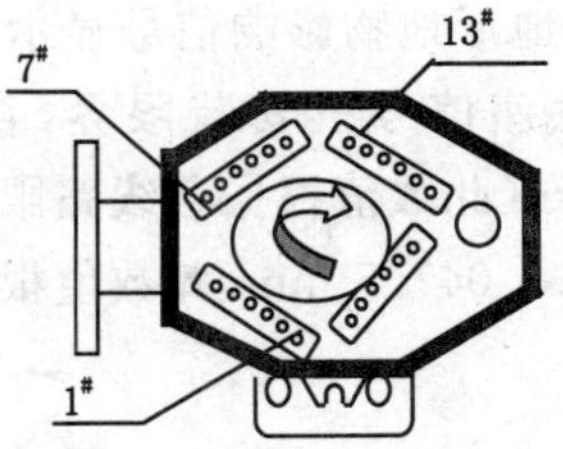

图 2-2　HZ24 端子编号

(5) 电缆终端盒内电缆做头、灌胶。

① 剥切电缆时，切割深度应为塑料护管的 2/3 为宜，不得切伤电缆芯线。做头完毕后，要用麻袋片将电缆包紧，保护管底部要用麻袋片堵实，电缆用钢带做耳朵固定。

② 电缆灌胶采用冷封胶。电缆灌胶前，要复核电缆去向、芯线是否与图纸相一致。

③ 灌胶完毕后要对所有电缆进行电气测试，并进行芯线核对、编号。

(6) 电缆终端盒电缆配线。

① 配线前对箱盒内要进行全面清扫，电缆配线时首先要用棉纱将电缆线撸直，然后绑把分线。

② 电缆盒配线：主管引出的电缆芯线至端子应呈花瓶状，在上部绕直径 20 mm 的两圈，对准端子做环上线。副管线把至盒边要留 5～10 mm 的间距，用直径为 1 mm 的塑料绑线绑把均匀，在线把外侧的上部绕直径 20 mm 的两圈，对准端子做环上线。主副管线顶均低于盒边沿 10 mm。备用芯线不得少于至最远端子及三次做头备用量的长度，并绕成 $\phi15$

mm 左右的螺旋状置于盒内。

③ 各种箱盒的 1# 端子均用红色油漆做出标记。

④ 电缆配线要横平竖直、整齐美观。

⑤ 电缆在上线前，要先将端子根部螺母拧紧，然后再上线环。线环开口方向应与螺母旋转方向一致，不得反上。

⑥ 接线箱盒可以直接安装在墙壁上，没有墙壁的地方可以用特殊支架安装在地面上。

二、LED 信号机安装质量控制

（一）正线信号机

正线信号机均采用 LED 信号机。

(1) 信号机构的型号、规格和灯光配列应符合设计规定。

(2) 定测：安装前要先按照设计图纸定测。图纸上已经将信号机布置在左侧或右侧，应严格按照图纸安装信号机，不得随意左右移动。

(3) 复测：信号机安装时，在定测位置上可以前后移动±20 mm，超过这个范围则需要报经设计重新确认和定测。

（二）正线信号机安装方式

1. 管型底座信号机安装

(1) 管型底座信号机应垂直于地面安装。

管型底座信号机安装高度，底座下部与自然混凝土面相平，管座高度为 1 000 mm，如图 2-3 所示。地形地物影响信号显示时，可适当调整其底座高度，以不影响信号显示为准。

管型底座信号机安装限界，直线段信号机及管座最突出边缘距所属线路中心要求≥1 765 mm（此数值根据各线路限界确定），或信号机及管座最突出边缘距所属线路钢轨内缘要求为≥1 047.5 mm（此数值根据各线路限界确定），如图 2-4 所示。

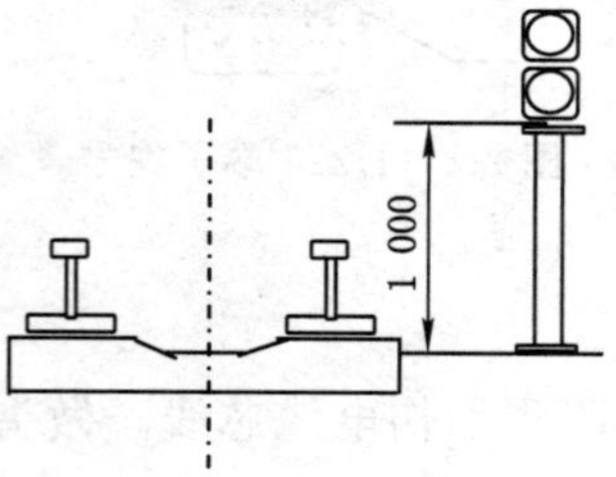

图 2-3　管型底座信号机安装高度

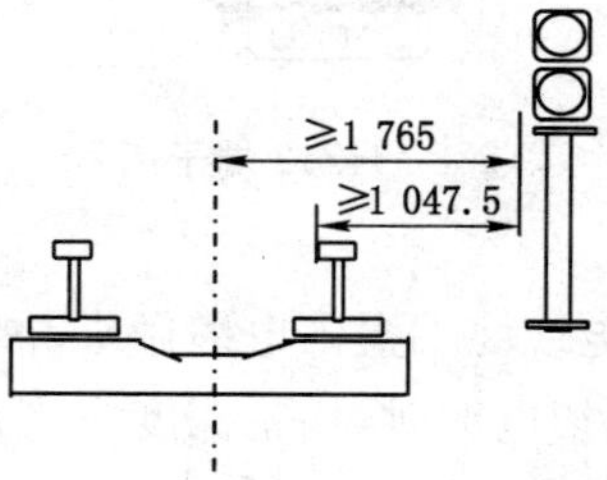

图 2-4　管型底座信号机横向距

2. 三脚架型底座信号机

(1) 三脚架型底座信号机应垂直于地面安装，并紧固在高架桥立面角钢或水泥墙面上。

(2) 三脚架型底座信号机安装高度，信号机底部距自然混凝土面为≥1 000 mm，如图 2-5 所示。因地形地物影响信号显示时，可适当调整其底座高度，以不影响信号显示为宜。

(3) 三脚架型底座信号机安装限界，直线段信号机及管座最突出边缘距所属线路中心要求≥1 765 mm（此数值根据各线路限界确定），或信号机及管座最突出边缘距所属线路钢轨内缘要求为≥1 047.5 mm（此数值根据各线路限界确定），如图 2-6 所示。

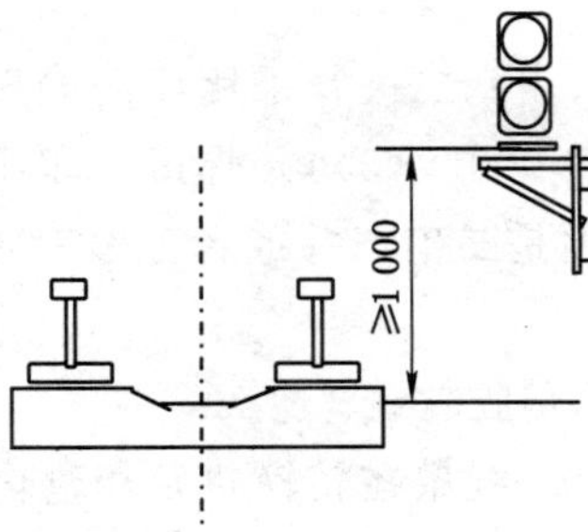

图 2-5　三脚架型底座信号机安装高度

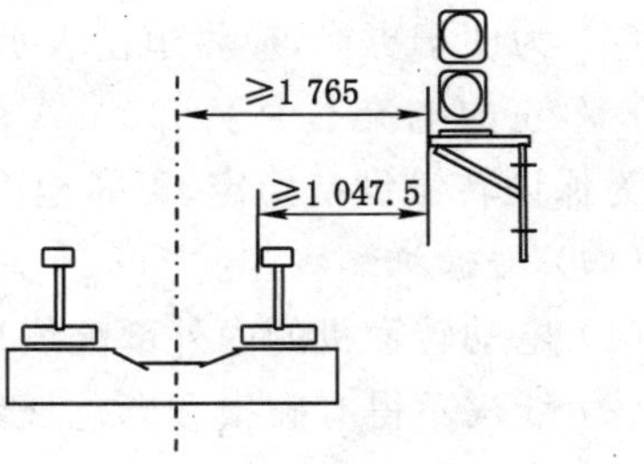

图 2-6　三脚架型底座信号机横向距

(三) 停车场信号机

(1) 信号机采用 LED 信号机。

(2) 信号机一般设于线路右侧,因地形地物影响需要改在左侧时,由建设单位确定。

(3) 碎石道床采用水泥基础安装。

(4) 矮型信号机,基础顶面距所属轨道顶面 250 mm±50 mm;安装在轨道外侧时,最突出边沿距所属线路的钢轨内沿不少于 1 200 mm。

(5) 信号机一般情况下应与绝缘节对齐,因地形地物影响而无法设置时,信号机可以在绝缘节前后各 1 m 的范围内调整设置。

(6) 机柱应垂直于地面,倾斜度不大于 5°,机柱顶端及引线孔用水泥砂浆堵严。

(7) 信号机梯子中心应与机柱中心一致,信号机梯子应平直,梯子支架应安装水平。

(8) 信号机蛇管改用输水胶管。

(9) 信号机的配线采用 7×0.52 mm 铜芯聚氯乙烯绝缘软线,不得有破皮、老化现象,线条不得有中间接头,线条在箱盒、机构内部应绑扎整齐。引线管进出口处及机构内线卡处应用绝缘胶管(带)防护,如采用电缆配线不得将电缆外皮剥除,可不加防护。

三、转辙机安装质量控制

(一) 安装图纸

正线道岔 60 kg/m 钢轨 9 号单开曲尖轨道岔,配置三相交流电动转辙机,采用两点牵引安装图册,三相交流电动转辙机安装采用“60 kg/m 钢轨 9 号单开道岔转换设备安装图”。

(二) 安装前检查

道岔铺设完成后,应对其进行下列检查:

(1) 根据道岔机孔尺寸图检查机孔尺寸是否符合安装要求。

(2) 滑床台应整体水平,滑床板应无“吊板”。

(3) 道岔应方正,尖轨前后偏移不大于±10 mm,尖轨与基本轨密贴。

(三) 安装装置及转辙机的安装

(1) 安装装置零部件齐全,安装正确,可动部分应灵活,不卡碰,旷量应符合设计要求。

(2) 各连接杆连接要平顺,无别卡现象。

(3) 连接各连接杆,调整基础托板位置。

(4) 安装完毕手摇道岔时,在牵引点位置,尖轨与基本轨间有 4 mm 及以上间隙时不得锁闭道岔。

(5) 为便于更换，应将道岔表示二极管引至电缆盒内，表示二极管采用反向电压不少于1 000 V，正向电流不少于500 mA的二极管，如1N5408(1 000 V，3 A)，焊接在印刷电路板上。为保证转辙设备稳定、可靠地工作，所采用二极管必须是二串二并或者三串三并。

(四) 转辙机配线

(1) 电动转辙机的内外部配线采用7×0.52 mm铜芯塑胶软线。

(2) 线皮不得有破损和老化现象，线条不得有中间接头，线条在转辙机及箱盒内部应绑扎整齐，并在引线管进出口处用绝缘胶带防护。

(3) 电动转辙机至配线盒之间的蛇管改用输水胶管。

(五) 电动转辙机的调试

(1) 室内预配组合内各继电器动作正常，断相保护及动作时间特性试验正确无误。

(2) 核对定、反位表示与实际位置的一致性，以检查室内外配线是否正确。

(3) 在各规定试验处进行夹4 mm铁板试验，室内每组道岔的尖轨或心轨组合分别断开表示，检查道岔总的表示是否中断，控制台监督或看总表示继电器是否落下。测试每组道岔动作电流不大于2 A，道岔动作电源连续工作时间不大于13 s，断相保护功能良好。

四、定位天线、信标、发车指示器安装质量控制

(一) 定位天线

(1) 定位天线进场时应进行检查，其型号、规格、质量应符合设计要求及相关产品标准的规定。

(2) 定位天线的安装位置、安装方法应符合设计和相关技术要求。

(3) 定位天线顶面应与钢轨顶面平行，距钢轨顶面距离应符合设计规定。

(4) 定位天线安装的纵向、横向偏移量应符合设计和相关技术要求。

(5) 信号设备室至站台两侧对位天线设备间的连接电缆，其长度应基本相同。

(6) 定位天线安装支架前后、左右、高低可调节。

(7) 定位天线安装应平稳、紧固，螺栓应紧固、无松动。

(二) 信标

(1) 信标有枕木型、整体道床型、浮置板型等安装类型，应根据现场实际选配。

(2) 通常信标安装在轨道中间，一般采用横向安装的方式，如果横向安装不行，就采用纵向安装的方式。

(3) 信标顶面低于钢轨顶面65～70 mm(此数值根据各线路系统供应商确定)。

(4) 长平面中心线应与线路中心线重合，左右允许偏差±5 mm。

(5) 有源信标的接头侧应位于靠近弱电电缆支架侧，以便有源信标接头电缆走线。

(三) 发车指示器

(1) 发车指示器采用站台机柱、正墙体和侧墙体3种安装方式，应根据现场实际选配。

(2) 发车指示器设备电缆穿越钢轨及水沟须采用钢管防护，网线沿既有支架敷设，如无支架时采用卡具固定。

(3) 采用机柱安装时，电缆从站台下钻孔引入机柱中心至设备。

(4) 发车指示器应符合限界要求，直线段天线的限界不得小于1 578 mm(此数值根据

各线路限界确定)。

五、信号系统室内设备安装质量控制

(一) 机柜底座安装

1. 施工准备

(1) 依据施工图纸核对底座数量、尺寸是否与设计规格相符。

(2) 依据施工图纸测量现场安装位置是否符合设计图纸,安装时注意机柜不能位于空调出风口及冷凝水管口正下方。

(3) 底座安装所需的工机具及材料配备齐全。

(4) 清理现场杂物,清扫地面。

(5) 对已安装防静电地板的设备房用木板或纸板进行保护,防止安装底座时损坏防静电地板。

2. 测量、定位

(1) 根据施工图用钢卷尺测量确定底座安装位置,撤除底座安装位置的防静电地板。

(2) 首先将机柜底座按照施工图纸位置摆放到位,以墙面为参考点用卷尺测量底座的前边缘、侧边缘到墙面的距离,反复调整底座使每个底座的前边缘、侧边缘到墙面的距离与图纸相符。

(3) 如设备机房内参考墙面不平时,可用尼龙线拉出一条直线,以该直线为参考点,用卷尺测量机柜底座的安装位置,然后用墨线在地面上弹出一条直线,作为机柜底座的安装基准线。

(4) 将机柜底座调整到位后,用金属垫块调整每个底座水平,用水平尺检查是否水平,直至每个底座水平后,用记号笔在地面上做好底座安装孔的位置标记。

3. 打孔、机柜底座安装

(1) 将机柜底座移开,用冲击电钻在地面标记处打孔,电钻钻头要和金属膨胀螺栓型号相匹配,调节冲击电钻的深度标尺,使打孔的深度和金属膨胀螺栓的外胀管长度约深 5 mm。打孔要垂直,用吸尘器清理灰尘,放入膨胀螺栓。

(2) 用榔头将膨胀螺栓逐一敲入孔内,将螺栓适当拧紧,使外胀管略微胀开后,退出螺帽和垫片。

(3) 将所有金属膨胀螺栓安装完成后,把机柜底座安放到每个螺栓上,套上平垫、弹簧垫片、螺帽。逐一安装完成每个底座,用卷尺测量整排底座的前边缘在直线上的偏差不大于 2 mm。

(4) 采用边调整边固定的施工方法,防静电地板没有安装的房间根据现场装修给出的标高线进行调整,将底座顶面调整至防静电地板面标高。

(5) 调整底座时,用水准仪或水平尺测量底座的 4 个角,选一个最高点,根据装修单位给出的标高线,将底座调整至防静电地板面的标高,并将其固定。然后逐一将其余各点放以一定的垫片使其达到防静电地板面的标高位置。

(6) 在使用水准仪进行标高测量时,测量人员必须认真仔细,看得清,看得准,塔尺必须扶正,不得前倾或后仰,以免造成误差。

(7) 依照基准线位置用钢卷尺测量底座边缘距离是否正确,是否符合设计图纸要求,用水平尺或水准仪等仪器测量调整底座面与防静电地板面水平后拧紧螺帽。

(8) 将其余的底座参照已固定好的底座统一调正、调平并安装牢固。

4. 地线连接

按照施工图纸设计要求及施工规范要求将底座用接地线连接至地线排,接地线两端必须用压线鼻子连接。

5. 防锈刷漆

(1) 机柜底座安装完成后,表面有损伤掉漆的部位,用钢丝刷将底座表面清理干净,然后刷漆。

(2) 所有掉漆部分都要先刷一层防锈漆再刷两层富锌漆,做好成品保护。

(二) 机柜安装

1. 施工准备

(1) 根据施工图纸,现场核对测量机柜安装位置尺寸和机柜安装手册。

(2) 对已铺设好防静电地板的设备房用木板或纸板进行保护,防止安装设备损坏防静电地板。

(3) 所需施工人员到位、分工明确,安装设备用工机具配备齐全。

(4) 对设备房的预留孔洞做好防护。

2. 机柜开箱验收

(1) 在监理主持下,邀请业主、会同设备集成商共同对到达安装现场的设备和主要材料进行开箱清点和设备外观检查。

(2) 设备及材料的型号、规格、数量应符合订货清单及设计要求。

(3) 设备附件及技术资料齐全(包括合格证、说明书、操作手册等)。

(4) 根据设备开箱情况,如实填写设备开箱验货报告,由业主、监理、施工和集成商共同签字确认。

(5) 在设备开箱过程中发现设备有缺陷及其他异常情况,应在业主、监理、集成商见证下做好详细记录并签字,由设备集成商限期解决。

(6) 对暂时不能安装的附件,应交回物资管理员进行妥善保管,防止丢失、损坏。

3. 测量、定位

(1) 按照施工图纸将机柜移动到已安装好的机柜底座上。

(2) 将机柜调整至满足设计图纸要求位置后,对准安装孔用记号笔在底座上做好钻孔标记。

4. 机柜安装

(1) 首先将机柜移开,用直柄电钻在底座标记处钻孔,先用小号钻头引孔后,再选用比固定螺栓大 1～2 mm 的钻头进行钻孔。与机柜固定侧的底座侧四角加焊三角垫片,提升机柜固定稳定性。

(2) 用吸尘器清除铁屑,将机柜移动到底座上对准安装孔穿入固定螺栓并装上垫片、螺帽。

(3) 用激光水平仪发射出一条标准、平行的直线或拉尼龙线,用橡皮锤轻敲机柜底部边框使机柜正面和侧面达到施工图纸设计位置。

(4) 用水平尺和线坠检测机柜的水平度和垂直度偏差,在机柜底部加上金属垫块进行调整，待水平度和垂直度偏差符合设计及验收规范要求后按照对角方式逐一旋紧固定螺栓，并固定牢固。

(5) 用同样方法安装其余机柜，在安装其余机柜时用水平尺和水平仪反复检测每个机柜和整列机柜的水平、垂直偏差，并用塞尺检验柜间缝隙尺寸。

(6) 安装完成后每个机柜喷漆应完好无损，每个连接螺栓平垫、弹簧垫片和螺帽齐全。应尽量使用呆扳手，以免对连接螺栓表面造成损坏，导致螺栓锈蚀。

(7) 用水平仪和水平尺检测单个机柜和整列机柜的水平、垂直偏差，整列机柜前端面在平行直线上偏差应小于 2 mm，每个机柜水平偏差小于 2 mm，用塞尺检查柜间缝隙应小于 2 mm。机柜垂直偏差小于机柜高度的 0.1%。

(8) 安装完成后须仔细检查机柜内模块、连接线是否松动、脱落，收集好机柜内部随机资料和机柜钥匙等。

(9) 所有机柜安装完成后锁好机柜门，立即使用防水防尘布对机柜进行保护，防止灰尘进入。

5. 机柜接地线安装

(1) 根据施工图纸要求，将每个机柜用 16 mm^2 黄绿色地线连接到地线箱的接地铜排。

(2) 接地线两端必须用线鼻子压接，线鼻子固定在机柜接地端子上，加上平垫、弹簧垫片和螺帽拧紧，连接可靠牢固，地线接入镀锡铜排，然后接入常规机电单位提供的综合接地线后做好标牌粘贴工作，使用钳式接地电阻测试仪测试接地电阻，阻值要求不大于 1 Ω。

(3) 机柜的可开启柜门均应用接地线与机柜的金属框架进行连接，并连接到机柜的接地端子上。

(三) 地面线槽安装

1. 外观检查

(1) 金属线槽应具备合格证、材质证明材料等，热镀锌地槽(400 mm×200 mm)壁厚须大于 3.0 mm。

(2) 热浸镀锌表面应均匀、无毛刺，无挂灰、伤痕等缺陷。线槽焊缝表面应均匀，不得有裂纹、夹渣、烧穿、弧坑等缺陷。

(3) 连接附件镀锌应均匀、光滑，能够正确装配，并能满足设计的调节范围，一般工程中使用的连接附件安装在线槽内外两侧，螺栓螺杆朝向外侧，螺帽戴于线槽外侧。

2. 支架安装

(1) 地面线槽一般采用 4# 扁钢加工成 Π 型支架，支架与线槽连接面的宽度应比线槽本地宽度大 50 mm 为宜，支架高度为 30～50 mm。

(2) 支架与地面采用膨胀螺栓连接。

(3) 一般情况下，支架的间隔为 2 000 mm，在转弯处，线槽进入设备底座处应适当增加支架数量。

(4) 线槽与支架间应采用圆头螺栓进行连接，圆头在线槽内，固定螺母在线槽下方。

3. 线槽组装、固定

(1) 金属线槽的线槽之间、线槽与弯通之间应采用连接板连接，用半圆头螺栓固定，注意半圆头螺栓螺母朝线槽外，工程中使用的线槽连接片应安装在线槽内外两侧，线槽接缝处间隙应严密平整。线槽进行分歧、转弯等应采用专用弯头。连接完成后连接螺栓必须固定牢固。

(2) 金属线槽的连接时应按照现场情况进行组装。

(3) 通信设备室内静电地板下线槽开孔时应采用液压开孔器进行开孔,开孔大小根据所穿线缆数量和大小确定,然后使用防护条对开孔处进行保护,防止穿线时刮伤电缆护套。

4. 线槽接地

由于通信工程一般采用热浸镀锌金属线槽,表面喷漆,因此线槽之间连接板的两端须设置跨接地线,采用 4 mm^2 的铜编织带或多芯铜线。但连接板两端应有不少于 2 个有防松螺帽或防松垫圈的连接固定螺栓。线槽伸缩处应采用编制铜线连接,线槽末端应采用 16 mm^2 接地线连接至接地排。

5. 线缆敷设

由于信号系统终端设备众多、线缆繁多,室外引入机房的桥架宜设置两列。地槽引入每个设备机柜均采用前后引入方式,地槽内线缆采用动力固线器每隔 400 mm 进行一次固定,根据线缆线径选择相应高度的垫块进行分层敷设。此举保证了电源线与信号线的分隔,减少了线缆的交叉,不存在扭绞,达到整齐美观的标准。

6. 封堵

线槽穿过隔墙时应使用防火泥对孔洞进行防火封堵,地槽制作安装保证整齐美观,电源线和信号线线槽应分开,地槽的制作应符合相关设计要求。

六、计轴设备安装质量控制

计轴设备安装检验规定应符合设备供应商的计轴安装手册。

(一) 计轴室外设备

(1) 车轮传感器。

(2) 车轮电子检测器(计轴电子盒)。

(3) 安装底座及防护罩(黄帽子)。

(二) 车轮传感器的安装

(1) 在所防护区段的每个检测点设置一对车轮传感器。

(2) 传感器安装位置要求:

① 传感器最好安装在两根枕木的正中间。

② 要避开钢轨接缝,具体标准不同工程要求不同,要求为至少 1.4 m。

③ 要避开相邻的磁头,至少相距 2 m。

④ 传感器周围 0.5 m 范围内除钢轨外不能有其他金属异物。

⑤ 传感器安装于两枕木间钢轨(单轨条)的轨腰处,发送器安装在钢轨外侧,接收器安装在同一根钢轨的内侧。

⑥ 安装中要注意塑料绝缘垫的位置不要与金属垫片混淆,塑料绝缘垫片必须安装,不能丢失。

⑦ 发送器绝对不能碰到钢轨。发送器在水平面方向上不能超过钢轨上表面高度,即不能侵界。

⑧ 传感器上共 4 根电缆的摆放走位要进行合理调整,不能过紧,不能有过度扭曲。

⑨ 传感器电缆为出厂设置,出厂后绝对不允许进行任何剪裁、剪短。

⑩ 防护套管托架安装时必须要绝缘。

(三) 车轮电子检测器的安装

车轮电子检测器的安装分为两种方式:地面安装和垂直安装。在隧道内或高架上,通常由于空间限制而采用侧壁安装模式。

1. 电子检测器的安装要求

(1) 电子检测器要安装在底盘内,外面要有黄帽子做防护。

(2) 安装位置尽量远离钢轨。

(3) 安装位置要尽量远离其他高压有源设备。

(4) 要有接地线。

(5) 传感器至电子盒的接线:

① 首先根据线路图的标识,由计轴参考方向确认传感器的 Sk1 和 Sk2(一般靠近车辆段的一侧为 Sk1,另一侧为 Sk2)。

② EAK 的接线端子处有清晰的标志,表示 Sk1 和 Sk2 的接线端。

③ 接线时要注意磁头电缆从底座引入时,防水密封垫圈的安装绝对不能遗忘,绝对要符合密封要求。

④ 电缆走线保证没有侵界,不会受到其他施工的破坏。

2. 接地方案

(1) 电子盒的底座下面有设备地线接头。可引出地线,接入室外的贯通地线。

(2) 地线使用 25 mm^2 的铜线。

(3) 接地阻抗<4 Ω。

七、车载信号设备的安装质量控制

(1) 车载信号设备的安装位置、方式必须符合设计要求。感应器(速度传感器、信标读取器、无线 MR 等)安装必须牢固。

(2) 车载信号设备电源不得接入其他用电设备,设备铅封应齐全。

(3) 电线管路安装方式必须符合设计要求。敷设在车辆外部的电线管路应采用钢管,敷设在车辆内部时可采用塑料管或钢管。端子盒、引线管出线部位封闭良好。

(4) 车载信号设备配线应采用低烟无卤阻燃线缆,其截面积不得小于 0.4 mm^2,绝缘软线不得有损伤、老化现象及中间接头。

(5) 车载信号设备接口连接、布线应符合设计要求,并具备防电磁干扰的措施。

(6) 电线管路的内壁、管口应光滑无毛刺,管接头连接牢固,管口应防护。焊接部件、铁管管路时,应涂防锈漆和调和漆。

(7) 车载信号设备配线应符合下列要求:

① 设备配线均采用压接方式,压接时采用专用压接工具压接。

② 配线绑扎应整齐、美观。

八、信号系统调试的质量控制

(一) 信号系统室内单项试验的质量控制

(1) 电源屏送电试验应符合设计及下列要求:

① 电源屏的各种输出及功能应符合设计要求及技术标准的规定。

② 智能监测显示系统的各种显示应与用仪表测试一致，盘面的显示内容与实际测试结果一致。

③ 在规定的输入范围内，各供电模块工作正常，输出应符合设计要求。

④ 智能监测显示系统在工作范围内动作显示正常，各种监测、存储、显示、报警、传输、呼叫功能应符合产品技术规定。

⑤ 电源屏相序与引入电源的相位、屏与屏之间的相序相符。

⑥ 输出电源对地绝缘电阻符合规定。

⑦ 接入最大负载后，设备应能正常工作，各部件的温升应不超过质量证明文件及相关标准的规定。

⑧ 电表应无卡阻、碰针现象。

⑨ 两路电源切换时间不得大于 0.15 s。

(2) 不间断电源(UPS)性能应符合下列要求：

① 不间断电源(UPS)的电气特性指标应符合产品技术标准的规定，各种功能应满足设计文件要求。

② 不间断电源(UPS)在外部电源停电或切换时，应在规定放电时间内持续向系统供电。

③ 不间断电源(UPS)故障时，应通过静态开关(或手动开关)接通旁路电源。

(3) 计算机显示设备调试应符合下列规定：

① 鼠标操作灵活方便、表示正确。

② 显示器必须清晰、准确反映信号设备的状态。

③ 报警装置应动作准确、可靠。

(4) 计算机及其外部设备应进行下列项目的调试，并符合设计和设备技术文件规定：

① 设备性能指标测试。

② 计算机功能性测试。

③ 稳定性试验。

④ 设计规定的其他项目。

(5) 车站联锁必须符合以下要求：

① 站内联锁关系正确，符合设计要求。

② 站内联锁设备与区间、站间、场间的联锁关系符合设计。

③ 轨道区段、道岔位置、信号机显示状态的表示应与相应的继电器状态一致。

④ 计算机联锁设备的采集、驱动单元应与相应的采集对象、执行器件的状态一致。

(二) 信号系统室外单项试验的质量控制

(1) 地面固定信号机试验应符合以下要求：

① 信号机通电试验，各灯位显示正确。

② 信号机、表示器灯光调试良好，显示距离应满足设计要求。

③ LED 信号机正常时全部 LED 灯管点亮，当 LED 灯管故障至报警门限以下时(二极管开路 25%)，剩余 LED 灯管应继续点亮并接通报警仪报警电路。

(2) 电动转辙机的摩擦联接器的调整应符合下列要求：

① 电动转辙机道岔正常转换时，电机不空转。

② 道岔尖轨因故不能转换或转换中途遇阻时，电动转辙机应使电机克服摩擦联接力

空转。

③ 电动转辙机摩擦电流不得大于额定电流的 1.3 倍。

④ 电动转辙机克服摩擦联接力空转联调时经 13 s 后应自动转回原状态。

(3) 道岔转换试验应符合下列要求：

① 道岔的转换时间不大于设计规定允许值。

② 可动部分在转动过程中动作平稳、灵活，无卡阻现象，旷量符合设计要求。

③ 转换动程、外锁闭量等主要技术指标符合设计要求。

④ 在道岔第一连接杆处，尖轨与基本轨之间有 4 mm 及其以上间隙时，道岔不能锁闭。其他牵引点处的不锁闭间隙应符合相关规定。

(4) 车载 ATP/ATO(自动防护系统/自动驾驶系统)设备试验应符合下列要求：

① 应按照车载静态、动态调试步骤对车载设备进行调试，并符合设计文件规定。

② 地面设备调试完毕后，应通过列车对各个地面设备进行车地通信测试，以确保通信通道畅通。

③ 对车载设备进行功能测试，应包括以下内容：超速防护、紧急制动停车、安全门控、停车精度、临时限速、监督退行、零速检测、驾驶模式及其转换。提供目标速度显示，指示列车实际速度。

(三) 信号系统综合试验的质量控制

(1) 车站、车辆段(停车场)联锁综合试验应符合以下规定：

① 按列车进路联锁表检查每条电路的联锁条件。

② 检查每条进路取消、信号重复开放、进路正常解锁、人工解锁、调车中途返回解锁、引导接车、引导信号开放和解锁区段、人工解锁等反映设计意图的电路功能。

③ 显示器上复示信号显示应与室外对应信号机各信号显示含义相一致，灯丝断丝报警功能符合设计。

④ 室外轨道区段位置与显示器位置相符。

⑤ 道岔定(反)位与显示器道岔表示相符，操作道岔时，室外动作状态与室内一致。核对进路与显示器状态一致。

⑥ 室外其他设备与显示器的表示或动作位置、状态必须一致，符合设计要求。

⑦ 正线与停车场(车辆段)间的接口试验应符合设计要求。

⑧ 联锁与屏蔽门的接口试验应符合设计要求。

(2) 信号微机监测(维修)子系统应符合下列要求：

① 信号微机监测(维修)子系统的各项功能应符合设计和产品的技术要求，通过系统反映的信息与现场一致，远程控制准确无误。

② 模拟量监测：电源屏、计轴、转辙机、电缆绝缘、电源对地漏泄电流、信号机点灯回路电流、环境状态等模拟量监测内容、监测点、监测里程、监测精度、测试方式、采样速率符合相关文件的要求。

③ 开关量监测：按钮状态、显示器表示状态、关键继电器状态、灯丝报警定位、熔丝报警、环境监控的开关量监测信息正确。

④ 故障报警信息及时、正确。

(3) 列车自动防护(ATP)子系统功能试验内容：

① ATP子系统能保证列车的安全运行间隔控制、防止后续列车的冲突、防止列车冒进信号、列车超速防护等功能的实现。

② ATP子系统必须符合故障导向安全的原则。

③ 在进行折返作业的折返点，具有完整的ATP功能。

④ 由天线、漏缆或波导管发送的机车信号强度能够满足车载接收灵敏度的要求。

⑤ 当按下车站的紧急停车按钮时，能立即切断相应范围的速度命令及有关信号机的开放电路，并使列车立即紧急停车。

⑥ 列车正确停站后，方可允许打开规定侧的车门。

⑦ 在列车车门全部关闭的情况下，列车方可启动和运行。

⑧ 报警信号准确可靠。

⑨ 在装有屏蔽门的车站，列车在规定的停站位置停稳后，当ATP开启或关闭列车车门时，能给出开启或关闭屏蔽门的命令，并在全部屏蔽门关闭后才会允许列车出发。

⑩ 设备稳定性试验时间应≥72 h。

(4) 列车自动驾驶(ATO)子系统功能试验内容：

① ATO子系统的车载设备在车载ATP主机或备机运行时均能正常使用。

② 列车对已设置了跳停的车站能自动通过。

③ 停车精度能满足停站、折返和存车作业的要求。

④ 能在规定允许的范围内自动调节列车运行速度。

(5) 列车自动监控(ATS)子系统功能试验应包括以下内容：

① 线路操作模式(包括有时刻表的自动控制模式、无时刻表的自动控制模式和人工控制模式)功能的试验。

② 列车自动运行调整功能的试验。

③ 工作站运行模式(包括在线模式、回放模式和模拟模式)的试验。

④ 信号控制功能(包括控制进路、控制信号机、设置终端模式和控制道岔等)的试验。

⑤ 自动进路设置功能(包括连续通过进路、车次号触发进路和接近触发进路)的试验。

⑥ 列车描述功能(包括车次号的设置、修改、移动、取消及对车次号跟踪等)的试验。

⑦ 列车折返功能(包括列车自动折返和人工列车折返)的试验。

⑧ 列车运行间隔和折返时间的测试。

⑨ 列车运行时刻表的编制及管理功能的试验。

⑩ 站台控制功能(包括设置停站时间、扣车、停站终止等)的试验。

⑪ 各种运营报告(包括日常运营报告、当前时刻表报告、偏离时刻表报告、列车驾驶员报告、车辆走行距离报告和准点率统计报告等)的打印。

⑫ 对报警和事件管理功能的测试。

⑬ 根据不同类别和等级的职权范围(区分为主任调度员、调度员、超级用户、LATS操作员、维护员和计划员等)，提供对不同用户可登录管理功能范围的测试。

⑭ 对正常情况下，车站控制权和中央控制权之间的转换须经过完整的授权、受权操作手续，在紧急情况下，车站可不经中心同意而立即获得紧急站控权的试验。

⑮ ATS与联锁子系统、ATP/ATO、CLOCK(时钟系统)、停车场(车辆段)联锁系统、综合监控系统和无线电列车调度系统等接口的测试。

(6) 列车自动控制系统应进行下列项目综合试验，并符合设计规定：

① 列车自动防护、自动驾驶和自动监控系统的接口性能测试。

② 调车、接发车及通过列车的进路行车试验。

③ 列车行车间隔、折返时间和列车运行调整功能试验。

④ 列车自动控制系统可靠性、可用性指标检验。

⑤ 设计规定的其他项目。

⑥ 系统的测试须进行连续运行无故障 144 h。

(7) 在运营条件下，列车自动控制系统无负载试运行应符合下列规定：

① 列车自动控制系统不得重新调整或修改。

② 试运行时间应为 1～3 个月。

第三节　火灾自动报警系统(FAS)质量控制

一、管线敷设的质量控制

(一) 工程材料、构配件、设备进场质量检查

检查材料、构配件型号、规格、数量，应符合施工图要求。查看合格证、生产许可证、检验报告、质量保证书等质量证明文件。对质量证明不符合要求的不准入场，对质量证明文件不全的应补齐后方可进入施工现场。

按规定抽检电缆管、线槽、电缆桥架、电源箱、UPS、各种电缆的质量。对不合格的产品禁止进入施工现场，对已进入现场的不合格产品责令退出现场。

(二) 缆线保护钢管敷设

(1) 明敷保护钢管要横平竖直，在 2 m 段内平直度和垂直度要小于 3 mm。

(2) 管子最小弯曲半径及弯偏度如表 2-1 所列。

表 2-1　管子最小弯曲半径及弯偏度

最小半径	暗配管		≥6D
	明配管	只有一个弯	≥4D
		有两个以上弯	≥6D
管子弯曲处弯偏度			≤0.1D

注：D 为管子直径。

(3) 明敷管宜采用螺纹连接，管端螺纹长度不应小于管接头的 1/2，埋设时宜用套管焊接，并做好防腐处理。

(4) 管子端口应加强护口，管子与接线盒连接处应用锁母固定牢固，敷设在多尘及潮湿场所的管路，管子及管子连接处均应做密封处理。

(5) 保护管与检测元件之间应用金属软管连接，其长度不应大于 2 m，并有防水弯。与分线盒、接线盒等连接时应密封，并用锁紧螺母将管子固定牢固。敷设在户外或潮湿场所的保护管，引入分线盒时，宜从底部引入。

(6) 消防控制、通信和报警线路明敷时,在金属管上采用防火措施,加涂防火漆。

(7) FAS 管路超过下列长度时,应在便于接线处装设接线盒:

① 管子长度每超过 30 m,无弯曲时。

② 管子长度每超过 20 m,有 1 个弯曲时。

③ 管子长度每超过 15 m,有 2 个弯曲时。

④ 管子长度每超过 8 m,有 3 个弯曲时。

(8) 金属的导管和线槽须接地(PE)或接零(PEN)且可靠。电线保护管及地下电缆线槽须接地。电缆绝缘应进行测试。

(9) 孔洞穿线的管套及竣工后孔洞应做好防火堵塞工作。

认真做好工程设备安装前的现场准备工作,重点是设计交底后对各类预埋件、预留孔洞、预埋管线等隐蔽工程的复验、会签。

监督工程承包单位严格按现行规范、规程、强制性质量控制条文和设计要求进行施工。

二、布线质量控制

(1) 在穿线前,应将管内的积水及杂物清除干净。

(2) 传输线路应采用铜芯电缆,或采用铜芯绝缘电线,其电压等级仍不应低于交流 250 V。

(3) 传输线路芯线截面积应符合表 2-2 的要求。

表 2-2　传输线路芯线截面积规定

类　别	芯线的最小截面积/mm^2
穿管敷设的绝缘(导线)	1.00
线槽内敷设的绝缘(导线)	0.75
多芯电缆	0.50

(4) 消防控制、通信报警线路应采用金属保护,并宜敷设在非燃烧体结构内,其保护层厚度不应小于 3 cm;采用绝缘和护套为非延燃性电缆时,可不穿金属管保护,但应敷设在电缆井内。

(5) 不同系统、不同电压、不同电流类别的线路,不应穿于同一根管内或槽孔内。

(6) 穿管绝缘导线或包缆的总截面积,不应超过管内截面积的 40%。

(7) 导线在管内或线槽内不应接头或扭结。导线的接头应在接线盒内焊接或用端子连接。

(8) 电缆(线)敷设前后应做导通检查,并用直流 500 V 兆欧表测绝缘电阻,其阻值如表 2-3 规定。

表 2-3　绝缘电阻测量要求

系　统	阻值/MΩ
车站设备监控系统	20
火灾自动报警系统	20

(9) 线路敷设完毕,应进行校线标号,标号字迹要清晰。

三、设备安装的质量控制

(1) 火灾报警控制盘和工控机控制箱挂墙安装,靠近门轴的侧面距离不小于 500 mm,正面操作距离不小于 1 200 mm,底边距地 1 300～1 500 mm。

(2) 不同用途导线要分管敷设,回路线、电源线、电话线应单独穿管敷设,管内导线的总截面(包括保护层)不应超过管内截面积的 40%。

(3) 回路线采用 DW-ZR-BVS-PL2×1.5 阻燃型铜芯绝缘护套屏蔽软电线(红、黄双色)。电源线、监控线采用 DW-ZR-BVS2×1.5 阻燃双绞硬线(红、黑双色)。

(4) 车站各层水平管沿顶板下明敷设,手动报警按钮、电话插孔等垂直管沿墙面明敷设,所有线管均采用 ϕ20 mm 金属厚壁电线管,线管表面必须涂防火涂料。

(5) 火灾探测器的安装。

火灾探测器的安装位置,应符合下列规定:

① 探测器至墙壁、梁边的水平距离不应小于 0.5 m。

② 探测器周围 0.5 m 内不应有遮挡物。

③ 探测器至空调送风机口边的水平距离不应小于 1.5 m,并宜靠近回风口安装。

④ 在宽度小于 3 m 的内走道顶棚上设置探测器时,宜居中布置。点型感温探测器的安装间距不应超过 10 m,点型感烟探测器的安装间距不应超过 15 m。感温探测器距端墙的距离不应大于探测器安装间距的一半。

⑤ 当梁突出顶部的高度小于 200 mm 时,可不计梁对探测器保护面积的影响。

⑥ 当梁突出顶部的高度超过 600 mm 时,被梁隔断的每个梁间区域至少应设置一只探测器。

⑦ 当梁间距小于 1 000 mm 时,可不计梁对探测器保护面积的影响。

⑧ 探测器如与灯具、风口等发生冲突,应根据规范对安装位置进行相应调整。

⑨ 探测器底座应固定牢靠,其导线连接必须可靠压接或焊接,不得使用带腐蚀性的焊剂。底座的外接线应留有 200 mm 的余量,入端处应有明显标志,入线孔宜封堵,探测器底座安装完毕后应采取保护措施。

⑩ 探测器在即将调试时方可安装,在安装前应妥善保管,并应采取防尘、防潮、防腐措施。

(6) 火灾报警控制器的安装。

① 控制器应安装牢固、不得倾斜,当其安装在轻质墙上时,应采取加固措施。

② 控制器在安装时,其底边距地(楼)面高度不应小于 1 300～1 500 mm,落地安装时,其底宜高出地坪 100～200 mm。

③ 引入控制器的电缆或导线应符合下列要求:

a. 配线应整齐、避免交叉,并应固定牢靠。

b. 电缆芯线和所有配导线的端部均应标明端号,并与图纸一致。

c. 端子板每个接线端子,接线不得超过两根。

d. 电缆芯和导线,应留有不少于 200 mm 的余量。

e. 导线应绑扎成束。

f. 导线引入穿线后，在进线后，进线管处应封堵。

④ 控制器的主电源引入线应直接与消防电源连接，严禁使用电源插头。主电源应有明显标志。

⑤ 控制器的接地应牢固，并有明显标志。

(7) 手动火灾报警按钮安装及电话插孔。

① 安装应牢固，并不得倾斜。

② 安装高度距地面 1.4 m。

③ 外接导线应留有 150 mm 的余量，且在其端部应有明显标志。

(8) 消防控制设备。

① 消防控制设备的外接导线，当采用金属软管作套管时，其长度不宜大于 2 m，并应采用管卡固定，其固定点间距不应大于 0.5 m，金属软管与消防控制设备的接线盒(箱)应采用锁母固定，并应根据配管规定接地。

② 消防控制设备外接导线的端部应有明显的标志。

③ 消防控制盘(柜)内不同电压、不同电源类别的端子应分开，并有明显标志。

(9) 系统接地装置。

① 工作接地线应采用铜芯绝缘导线或电缆，保护接地导体不得利用金属软管。

② 由消防控制室引至接地体的工作接地线，通过墙壁时，应穿钢管或其他坚固保护管。

③ 工作接地线与保护接地线必须分开，控制盘采用共用接地的方法，接地电阻小于 1 Ω，接地干线采用 BV-25 铜导线，工作接地采用 BV-4 铜导线，保护接地导体不得利用镀锌扁铁或金属软管。

四、功能调试的质量控制

(1) 对各种探测器进行检查试验，其动作准确无误。

(2) 对各种联动控制显示(如防火阀、消防水泵、防火卷帘门、挡烟垂幕等)控制和显示正确。

(3) 各回路手动报警、消防紧急电话动作及通话正常。

(4) 对车站控制器进行下列检查、调试到功能正常：

① 火灾报警自检功能。

② 消音复位功能。

③ 故障报警功能。

④ 火灾优先功能。

⑤ 报警记忆功能。

⑥ 电源自动转换和备用电源自动充电功能。

⑦ 备用电源欠压和过压功能。

⑧ 火灾自动报警系统的各项控制联动及显示功能。

五、联调的质量控制

(1) 在车站级功能调试完后，开始联调，联调将城市轨道交通同一号线所有独立系统一起联网运行，以检查硬件和软件稳定性及FAS系统能否很好地与其他系统协调工作。中央控制级CS11监视控制整个FAS系统所有的探测点和控制点，且能显示、打印和历史记忆各点的状态。

(2) 进行144 h连续系统测试，车站级所有硬件都应通过测试。

(3) 进行与OCC(运行控制中心)通信的144 h测试，测试所有网络和系统的通信功能。在144 h运行测试中不能出现任何严重故障。如果出现设备主要功能故障，卖方应在24 h内完成修理和更换，然后重新开始144 h测试。但是非合同设备引起的测试中断(如电源中断、其他系统脱线等)，不计入本测试。

(4) 下列故障属于严重故障：

① 1台车站级CS11(控制盘)发生故障。

② OCC与一个以上车站通信中断。

(5) 144 h运行测试允许出现两次大故障，故障出现后应在24 h内修复，如果出现第3次大故障，则应重新开始144 h测试。

(6) 下列故障属于大故障：

① 任何FCD(消防联动装置)的主要部件不能工作。

② 任何一台车站级的UPS不能工作。

③ OCC控制室的激光打印机和点阵打印机同时发生故障。

④ 计算机的I/O接口故障。

⑤ 网络控制器通信故障。

⑥ 任何一台GCC(图形命令中心)不能工作。

(7) 除上述两类故障的其他故障认为是次要故障。出现其他故障不能中断测试，且在24 h内修复。这些故障在144 h运行测试中可允许出现8次；如果超过8次，也要重新开始144 h测试。

第四节　气体灭火设备系统质量控制

一、安装阶段质量控制

(一) 材料及构配件的质量控制

(1) 进场材料、设备必须进行报验，经监理人员检查合格、签证后才能使用。

(2) 进场材料、设备必须有质量合格证、质量检验报告、消防生产许可证等质量保证资料，检验报告和证书复印件应加盖生产或经销企业的印章。

(3) 对材料设备要观察外观质量，系统组件无碰撞变形及其他机械性损伤，组件外露非机械加工表面保护涂层完好。

(4) 系统组件与主要材料齐全，其品种、规格、型号符合设计要求。

(二) 气体灭火管道安装

(1) 气体灭火管道支、吊架之间的间距要符合规范要求，最大间距应符合表2-4的规定。

表 2-4 支、吊架之间的最大间距

管道公称直径/mm	15	20	25	32	40	50	65	80	100	150
最大间距/m	1.5	1.8	2.1	2.4	2.7	3.4	3.5	3.7	4.3	5.2

(2) 管道末端喷嘴处应用支架固定,支架与喷嘴之间和管道长度不应大于 500 mm。

① 直径大于 50 mm 的主干管道,垂直方向和水平方向至少应各安装一个防晃支架。镀锌钢管不宜采用焊接连接。

② 管道的支、吊架所采用的形式和规格应符合设计及施工规范要求,管道穿过墙体和楼板时应安装套管。

③ 管道的材质、规格、型号必须符合设计要求。

④ 管道的安装位置和走向应符合施工图的要求,并考虑与其他管线的相互影响。

⑤ 喷头的安装高度、位置应符合设计要求,一般要求喷头的最大安装高度不宜超过 5 m,喷头的最大保护距离不宜大于 7 m。

⑥ 管道安装必须牢固、端正,损伤的防腐层要进行处理。

⑦ 管道安装完毕后,应进行水压强度试验和气压严密性试验,试验压力应符合设计要求。不宜进行水压强度试验的可采用气压强度试验代替,试验必须采取有效的安全措施。

⑧ 进行管道强度试验时,应将压力升至试验压力后保压 5 min,检查管道连接处应无明显滴漏,目测管道应无变形。

⑨ 管道气压严密性试验的加压介质可采用空气或氮气,试验压力为水压强度试验压力的 2/3,试验应将压力升至试验压力,关断试验气源后,5 min 内压力降不应超过试验压力的 10%,且用涂刷肥皂水等方法检查防护区处的管道连接处,应无气泡产生。

⑩ 灭火剂输送管道在水压强度试验合格后,或气压严密性试验前进行吹扫,可用压缩空气或氮气。

⑪ 灭火输送管道外表面应涂红色油漆以区别其他管道,在吊顶内、活动地板下等隐蔽场所可涂红色油环。

(三) 灭火剂贮存容器的安装

(1) 贮存容器的支架应安装牢固,并要进行防腐处理。

(2) 容器正面应有设计规定的灭火剂名称和贮存容器的编号等内容。

(3) 贮存容器的操作面距离不小于 1 m,容器的压力表应朝向操作面,各表的高度和方向应一致。

(四) 集流管的制作与安装

(1) 集流管应可靠地固定在支架上,支架应做防腐处理,集流管外表应涂红色油漆。

(2) 集流管安装前应清洗内腔并封闭进出口。

(3) 组合分配系统的集流管应按规范要求进行水压强度试验和气压严密性试验。

(4) 非组合分配系统的集流管,其强度试验和气压严密性试验可与管道一起进行。

(五) 阀驱动装置的安装

(1) 电磁驱动装置的电气连接线应沿固定灭火剂贮存容器的支、框架或墙面固定。

(2) 安装以物体重力为驱动力的机械驱动装置时,应保证重物在下落行程中无阻挡,行程应超过阀开启所需行程 25 mm。

(3) 驱动气瓶的支架应牢固，且应做防腐处理。

(4) 气动驱动装置的管道安装布置应端正，平行管道或交叉管道之间的间距应保持一致，管道应采用支架固定，管道支架的间距不宜大于 0.6 m，平行管道宜采用管夹固定，管夹的间距不宜大于 0.6 m，转弯处应增设一个管夹。

(5) 气动驱动装置的管道安装后应按规定进行气压严密性试验。

(六) 喷嘴的安装

(1) 喷嘴安装时应按设计要求核对其型号、规格和喷孔方向。

(2) 安装在吊顶下的不带装饰罩的喷嘴，其连接管管端螺纹不应露出吊顶。安装在吊顶下的带装饰罩的喷嘴，其装饰罩应紧贴吊顶。

二、调试阶段的质量控制

(1) 气体灭火系统的调试宜在系统安装完毕，以及有关的火灾自动报警系统和开口自动关闭装置、通风机械和防火阀等联动设备安装调试完成后进行。调试前施工单位应编制、上报调试方案，做好安全措施，避免灭火剂的误喷射，确保调试内容齐全，保证现场人员的安全。

(2) 气体灭火系统调试前应具备完整的技术资料及调试必需的其他资料，并应符合气体灭火系统有关资料的规定。调试前，监理会同施工单位按规定检查系统组件和材料的型号、规格、数量及系统安装质量，并应及时处理所发现的问题。重点检查以下内容：

① 防护区气体灭火系统输送管道是否按照施工图进行施工。

② 再次对灭火剂储存容器、容器阀、选择阀、单向阀、阀驱动器和喷嘴进行外观和安装检查。

③ 对气体储存容器的充装量进行称重抽查。

④ 对气体储存容器和氮气启动的气源压力进行检查。

(3) 进行系统联动调试前，应对灭火控制器进行功能试验。控制器功能试验应符合下列要求：

① 通电后，控制器面板的各指示灯正常显示。

② 控制器处于无故障状态。

③ 灭火控制器的控制程序应为：当防护区内任意一个感烟探测报警时，警铃鸣响。当感温探测器报警时，声光报警器鸣响。同时接通控制模块，关闭相关风阀，延时 30 s 后，电磁阀动作，系统释放灭火剂进行灭火，放气确认灯常亮。系统复位后，恢复正常监视状态。

(4) 气体灭火系统的调试负责人应由专业技术人员担任。参加调试的人员应职责明确。

(5) 气体灭火系统的调试，应对每个防护区进行模拟喷气试验和备用灭火剂贮存容器切换操作试验。

(6) 系统模拟喷气试验宜采用氮气进行，氮气贮存容器与被试验的防护区用的灭火剂贮存容器的结构、型号、规格应相同，连接与控制方式应一致，充装的氮气压力和灭火剂贮存压力应相等。

(7) 进行模拟喷气试验时应检查各种控制阀门工作是否正常，有关声、光报警信号正确，各种管道设备无明显晃动。

(8) 气体灭火系统调试后应按气体灭火系统调试报告表做出调试报告。调试报告的表格形式可以根据气体灭火系统结构形式和防护区的具体情况进行调整。

三、验收阶段的质量控制

(1) 验收时各种资料应齐全,包括使用说明书,试压、调试记录,以及各种产品的出厂合格证。

(2) 防护区验收应检查疏散通道、疏散指示标志和应急照明装置、声光报警装置、入口处的安全标志是否符合设计和规范要求,检查无窗或固定窗扇的地上防护区和地下防护区的排气装置、门窗设有密封条的防护区的泄压装置、专用的空气呼吸器或氧气呼吸器。

(3) 贮瓶间应检查应急照明装置、排风装置等是否符合设计及规范要求。

(4) 灭火设备的验收应检查灭火剂贮存容器、阀驱动装置、选择阀、喷嘴等的数量、型号和规格是否符合设计要求,灭火剂的充装压力应符合要求,管道支架、吊架的位置间距应符合要求,检查管道标色和设备支架的防腐措施。

(5) 组织系统功能验收。启动试验按防护区总数的20%进行。模拟喷气试验,按防护区总数的10%进行。模拟自动启动试验时,应先关断有关灭火剂贮存器上的驱动器,安上相适应的指示灯泡、压力表或其他装置,再使被试防护区的火灾探测器接受模拟火灾信号,模拟时灯泡工作正常,有关声、光报警装置状态正常,有关联动设备动作正确,符合设计要求。备用灭火剂贮存容器切换操作试验和系统主电源、备用电源切换试验,应全数进行。

(6) 验收资料应齐全,包括:

① 设备与材料出厂合格证。

② 设备和材料质量检验报告。

③ 隐蔽工程验收记录。

④ 管道强度试验、严密性试验、吹扫试验记录。

⑤ 气体灭火系统调试报告。

⑥ 施工记录。

⑦ 分项、分部工程质量验收资料。

⑧ 图纸会审、设计变更、洽商记录。

⑨ 竣工图。

第五节 消防电源监控系统质量控制

一、布线质量控制

(1) 系统的布线应符合现行国家标准《建筑电气工程施工质量验收规范》(GB 50303—2015)的要求。

(2) 在管内或线槽内的穿线,应在建筑抹灰及地面工程结束后进行。在穿线前,应将管内或线槽内的积水及杂物清除干净。

(3) 系统应单独布线,系统内不同电压等级、不同电流类别的线路,不应布在同一管内或线槽的同一槽孔内。

(4) 导线在管内或线槽内不应有接头或扭结。导线的接头应在接线盒内焊接或用端子连接。

(5) 敷设在多尘或潮湿场所管路的管口和管子连接处均应作密封处理。

(6) 管路超过下列长度时,应在便于接线处装设接线盒:

① 管子长度每超过 30 m,无弯曲时。

② 管子长度每超过 20 m,有 1 个弯曲时。

③ 管子长度每超过 15 m,有 2 个弯曲时。

④ 管子长度每超过 8 m,有 3 个弯曲时。

(7) 管子入盒时,盒外侧应套锁母,内侧应装护口;在吊顶内敷设时,盒的内外侧均应套锁母。

(8) 在吊顶内敷设各类管路和线槽时,宜采用单独的卡具吊装或支撑物固定。吊装线槽的吊杆直径不应小于 6 mm。

(9) 线槽的直线段应每隔 1.0～1.5 m 设置吊点或支点,在下列部位也应设置吊点或支点:

① 线槽接头处。

② 距接线盒 0.2 m 处。

③ 线槽走向改变或转角处。

(10) 线槽接口应平直、严密,槽盖应齐全、平整、无翘角。并列安装时,槽盖应便于开启。

(11) 管线经过建筑物的变形缝(包括沉降缝、伸缩缝、抗震缝等)处,应采取补偿措施,导线跨变形缝的两侧应固定,并留有适当余量。

(12) 系统导线敷设后,应对每回路的导线用 500 V 的兆欧表测量绝缘电阻,其对地绝缘电阻不应小于 20 MΩ。

(13) 同一工程中的导线,应根据不同用途选择不同颜色加以区分,相同用途的导线颜色应一致。电源线正极应为红色,负极应为蓝色或黑色。

二、监控器安装的质量控制

(1) 监控器在墙上安装时,其底边距地(楼)面高度宜为 1.3～1.5 m,其靠近门轴的侧面距墙不应小于 0.5 m,正面操作距离不应小于 1.2 m。

(2) 落地安装时,其底边宜高出地(楼)面 0.1～0.2 m,且满足以下要求:

① 设备面盘前的操作距离:单列布置时不应小于 1.5 m,双列布置时不应小于 2 m。

② 在值班人员经常工作的一面,设备面盘至墙的距离不应小于 3 m。

③ 设备面盘后的维修距离不宜小于 1 m。

④ 设备面盘的排列长度大于 4 m 时,其两端应设置宽度不小于 1 m 的通道。

(3) 监控器应安装牢固,不得倾斜;安装在轻质墙上时,应采取加固措施。

(4) 引入监控器的电缆或导线,应符合下列要求:

① 配线应整齐、避免交叉,并应固定牢靠。

② 电缆芯线和所配导线的端部均应标明编号,并与图纸一致,字迹清晰、不易褪色。

③ 端子板(或排)的每个接线端子接线不应超过 2 根。

④ 电缆芯和导线应留有小于 200 mm 的余量。

⑤ 导线应绑扎成束。

⑥ 导线引入线穿管后,在进线管处应封堵。

(5) 监控器的主电源引入线严禁使用电源插头,应直接与消防电源连接。主电源应有明显的永久标志。

(6) 监控器的接地(PE)线应牢固,并有明显永久标志。

(7) 监控器内部不同电压等级、不同电流类别、不同功能的端子应分开,并有明显标志。

三、传感器安装的质量控制

(1) 传感器安装应充分考虑供电方式、供电电压等级。

(2) 传感器与裸带电导体应保证安全距离,金属外壳的传感器应有安全接地。

(3) 禁止在不切断电源的情况下安装传感器。

(4) 同一区域内的传感器宜集中安装在传感器箱内,放置在配电箱附近,并预留与配电箱的接线端子。

(5) 传感器(或金属箱)应独立支撑或固定,安装牢固,并应采取防潮、防腐蚀等措施。

(6) 传感器的输出回路的连接线应使用截面积不小于 1.0 mm^2 的双绞铜芯导线,并应留有不小于 150 mm 的余量,其端部应有明显标志。

(7) 当不具备单独安装条件时,传感器亦可安装在配电箱内,但不能对供电主回路产生影响,应尽量保持一定距离,并有明显标志。

(8) 传感器的安装不应破坏被监控线路的完整性,不应增加线路接点。

四、调试过程的质量控制

(一) 监控器的调试

(1) 将监控器与外部的连线断开,并将任一回路的传感器与之连接,其他回路可分别连接等效负载,接通电源,使监控器处于正常监视状态。

(2) 按国家标准《消防设备电源监控系统》(GB 28184—2011)要求进行如下调试:

① 接通监控器的主电源,观察并记录监控器的工作状态。

② 断开监控器的主电源,观察并记录监控器在备用电源供电状态下的工作状态。

③ 观察监控器显示所监控的电源的实时工作状态信息,记录监控器的工作状态。

④ 模拟各种故障情况,观察并记录监控器的工作状态。

⑤ 操作监控器自检机构,观察并记录监控器的工作状态。

⑥ 模拟多种信息共同存在的工作状态,观察并记录监控器的工作状态。

⑦ 检查使用说明书中描述的其他功能。

(3) 依次将其他回路与监控器相连接,重复①~⑦条的调试。

(二) 传感器的调试

(1) 将传感器与监控器相连接,接通电源,使传感器处于正常监视状态。

(2) 按国家标准《消防设备电源监控系统》(GB 28184—2011)要求对传感器进行调试。

(三) 系统调试

(1) 系统调试,应先分别对传感器和监控器逐个进行单机通电检查,无故障报警、自检正常时方可进行系统调试。

(2) 将所有经过调试合格的各项设备按系统设计连接组成完整的消防设备电源监控系统，进行如下调试：

① 观察并记录所监控的电源的实时工作状态信息。

② 模拟各种故障情况，观察并记录监控器及传感器的工作状态。

③ 检查监控器的主电源和备用电源，其容量应分别符合现行有关国家标准和使用说明书的要求，在备用电源连续充放电 3 次后，主电源和备用电源应能自动切换。

④ 应分别用主电源和备用电源供电，检查系统的各项功能。

⑤ 系统必须连续运行 120 h 无故障，并填写系统调试记录。

⑥ 系统在调试无故障后，开始系统的试运行，并按规定填写系统试运行记录。

第六节　节能控制系统质量控制

一、节能控制系统安装质量控制

(1) 传感器的安装质量应符合《自动化仪表工程施工及质量验收规范》(GB 50093—2013)的有关规定。

(2) 阀门型号和参数应符合设计要求，其安装位置、阀前后直管段长度、流体方向等应符合产品安装要求。

(3) 压力和压差仪表的取压点、仪表配套的阀门安装应符合产品要求。

(4) 流量仪表的型号和参数、仪表前后的直管段长度等应符合产品要求。

(5) 温度传感器的安装位置、插入深度应符合产品要求。

(6) 变频器安装位置、电源回路敷设、控制回路敷设应符合设计要求。

(7) 智能化变风量末端装置的温度设定器安装位置应符合产品要求。涉及节能控制的关键传感器应预留检测孔或检测位置，管道保温时应做明显标注。

检验方法：对照图纸或产品说明书目测和尺量检查。

检查数量：每种仪表按 20%抽检，不足 10 台全部检查。

(8) 对经过试运行的项目，其系统的投入情况、监控功能、故障报警联锁控制及数据采集等功能，应符合设计要求。

检验方法：调用节能监控系统的历史数据、控制流程图和试运行记录，对数据进行分析。

检查数量：检查全部进行过试运行的系统。

(9) 空调与采暖的冷热源、空调水系统的监测控制系统应成功运行，控制及故障报警功能应符合设计要求。

检验方法：在中央工作站使用检测系统软件，或采用在直接数字控制器或冷热源系统自带控制器上改变参数设定值和输入参数值，检测控制系统的投入情况及控制功能。在工作站或现场模拟故障，检测故障监视、记录和报警功能。

检查数量：全部检测。

(10) 通风与空调监测控制系统的控制功能及故障报警功能应符合设计要求。

检验方法：在中央工作站使用检测系统软件，或采用在直接数字控制器或通风与空调系统自带控制器上改变参数设定值和输入参数值，检测控制系统的投入情况及控制功能。在工作站或现场模拟故障，检测故障监视、记录和报警功能。

检查数量：按总数的20％抽样检测，不足5台全部检测。

(11) 监测与计量装置的检测计量数据应准确，并符合系统对测量准确度的要求。

检验方法：用标准仪器仪表在现场实测数据，将此数据分别与直接数字控制器和中央工作站显示数据进行比对。

检查数量：按20％抽样检测，不足10台全部检测。

(12) 供配电的监测与数据采集系统应符合设计要求。

检验方法：试运行时，监测供配电系统的运行工况，在中央工作站检查运行数据和报警功能。

检查数量：全部检测。

(13) 综合控制系统应对以下项目进行功能检测，检测结果应满足设计要求：

① 建筑能源系统的协调功能。

② 采暖、通风与空调系统的优化监控。

检验方法：采用人为输入数据的方法进行模拟测试，按不同的运行工况检测协调控制和优化监控功能。

检查数量：全部检测。

(14) 建筑能源管理系统的能耗数据采集与分析功能、设备管理和运行管理功能、优化能源调度功能、数据集成功能应符合设计要求。

检验方法：对管理软件进行功能检测。

检查数量：全部检查。

二、节能控制系统工程的质量控制要点

(1) 工程实施由施工单位和监理单位随工程实施过程进行，分别对施工质量管理文件、设计符合性、产品质量、安装质量进行检查，及时对隐蔽工程和相关接口进行检查，同时，应有详细的文字和图像资料，并对监测与控制系统进行不少于168 h的不间断试运行。

(2) 系统检测内容应包括对工程实施文件和系统自检文件的复核，对监测与控制系统的安装质量、系统节能监控功能、能源计量及建筑能源管理等进行检查和检测。系统检测内容分为主控项目和一般项目，系统检测结果是监测与控制系统的验收依据。

(3) 对不具备试运行条件的项目，应在审核调试记录的基础上进行模拟检测，以检测监测与控制系统的节能监控功能。

第七节　环控柜设备系统质量控制

一、环控柜设备系统安装质量控制

(1) 配线工艺：导线排布要横平竖直，导线直径、颜色符合要求，接线端正确。目测。

(2) 元器件布置：元器件布置与设计图相符，安装牢固，位置合理。目测和测量。

(3) 仪表安装方式：检查仪表安装位置是否合理，安装是否牢固，符合设计规范的要求。

(4) 端子排布置:检查端子排安装位置,排列顺序是否符合设计及规范要求。

(5) 操作机构及互换性检查:检查操作机构操作是否灵活,是否符合互换性要求。实际操作。

(6) 开门角度:检查开门方向、开门角度是否满足要求。实际操作。

(7) 门锁质量:检查门锁安装质量,开关灵活。

(8) 接地标识:按照要求做好接地标识。目测。

(9) 指示灯按钮颜色:按照设计及规范要求确定指示灯按钮颜色。目测。

(10) 接地螺丝:接地螺丝的选用、紧固性是否符合接地要求,接地标识要明显。目测。

(11) 仪表指示:仪表指示数据正确,指示误差满足要求,归零位置正确。目测。

(12) 指示灯显示:指示灯显示亮度满足要求,显示颜色应符合规范要求。目测。

(13) 开关、按钮操作:开关、按钮操作,检查系统运行状态,原理正确,满足运行要求。

(14) 功能试验:按照系统原理要求,进行功能、逻辑试验。用测试仪器、仪表。

(15) 外部控制及信号:信号传输正确,通信规约符合协议要求,信号操作逻辑正确。

(16) 模拟运行试验:用模拟负载进行运行试验,开关、按钮操作,设备运行正常。设备原理、逻辑、功能满足技术要求。

(17) 与 BAS 接口测试:环控电控柜接受 BAS 模拟信号的控制,开关动作指示灯指示正确。

二、环控柜设备系统安装质量控制要点

(1) 环控柜到达现场应进行检查,其型号、规格及质量必须符合设计和规范要求及相关产品标准的规定。

(2) 对照设计文件和规范要求及产品技术标准,检查质量证明文件是否齐全、箱体有无破损。

(3) 环控柜各单元应插接良好,电气接触点应接触可靠、连接紧密。输入电源的相线和零线不得接错,其零线不得虚接或断开。

第八节 环境与设备监控系统(BAS)质量控制

一、BAS 的设计质量管控

(1) BAS 的监控范围应包括车站、区间、车辆基地(部分线路还包括控制中心和集中冷站)。被监控的对象应包括车站通风空调设备、隧道通风设备、给排水设备、自动扶梯及电梯、照明和导向系统、车站应急照明电源、车站环境参数等。对于未设置综合监控系统的线路,BAS 的监控范围尚应包括屏蔽门和防淹门。

(2) 车站 BAS 的监控范围除本车站外,还包括相邻区间隧道的一半。

(3) BAS 的设置应遵循分散控制、集中管理、资源共享的基本原则。应采用分层、分布式计算机系统,由中央监控管理级、车站监控级、现场控制级及相关通信网络组成。

(4) BAS 和火灾自动报警系统(FAS)之间应设置可靠的通信接口。火灾工况应由 FAS 发布火灾模式指令,BAS 应优先执行相应的模式。

(5) 防排烟系统与正常通风系统合用的设备应由 BAS 统一监控。

(6) 区间隧道通风设备直接由中央控制中心监控管理，必要时可以授权相应车站监管。当发生区间火灾和列车阻塞停车时，隧道通风、排烟控制程序命令由防灾指挥中心发布，车站 BAS 接收命令并执行。

(7) BAS 装置应具有防尘、防腐蚀、防潮、防霉、防震、抗电磁干扰和抗静电干扰的能力，能适合地铁特殊环境条件下长期安全可靠运行。硬件、软件的设计应遵循模块化设计原则，采用标准通信接口及标准的、开放的通信协议。

二、BAS 的安装质量控制

(一) 压力(压差)传感器的安装

(1) 安装之前，检查传感器型号规格、安装位置是否符合设计要求。

(2) 安装时，传感器的手阀应关闭，防止高压冲洗管道时损坏，调试时方可打开。

(3) 传感器安装的角度要根据设计和规范要求确定。

(4) 传感器具体安装时，按安装说明操作。

(二) 温湿度传感器的安装

(1) 房间温湿度传感器位置应远离门窗冷热源和风管开口处，房间、风管的温湿度传感器应安装于所检测位置的敏感点。

(2) 装于公共区吊顶处传感器的导线由钢管引下，并用角钢支架固定，软管长度不超过 1 m。

(3) 在不同的安装位置，按规范选择相应的安装角度。

(4) 信号线在高电磁干扰区采用屏蔽线，和 220 V 电源线保持 15 cm 的距离。

(5) 安装中用防尘罩防护温湿度传感器，调试前取下。

(三) 流量传感器的安装

(1) 安装地点和位置按需要选择，但两只电极的轴线必须在同一水平上。

(2) 垂直安装，保证测量管中充满被测介质。

(3) 流动正方向的确定原则是指介质流动方向，保持与传感器所指的方向一致。

(4) 传感器接地可靠，传感器的接地螺钉应连接到等电位点。

(5) 传感器具体安装时，按安装说明操作。

三、BAS 与其他系统的接口

(一) 通风空调系统接口

(1) 在空调机组消毒净化装置的接线端子外侧；在空调机组过滤网压差报警装置的接线端子外侧。

(2) 各类传感器和电动二通阀的接线端子外侧。

(3) 冷水机组通信接口端子排外侧。

(二) 与电梯、扶梯专业的接口

(1) 在电梯控制箱的接线端子外线侧。

(2) 在扶梯控制箱的接线端子外线侧。

（三）低压配电系统接口

(1) 照明、导向配电箱与BAS的硬线接口在BAS模块箱或远程控制柜接线端子排外侧。

(2) 在EPS柜、智能低压装置通信接口端子排外侧。

(3) 在0.4 kV开关柜分励脱扣器端子排外侧(车辆段、停车场无)。

(4) 在双电源切换箱的馈线端子处(无集中UPS的线路)。

（四）与给排水系统的接口

在各类水泵控制箱的接线端子排外侧。

（五）与火灾自动报警系统FAS的接口

在控制室FAS报警控制器接线端子排外侧。

（六）与综合监控系统的接口

(1) 在综合监控设备室综合监控系统配线架外线侧。

(2) 在车站控制室综合监控系统IBP盘接线端子外侧。

（七）与集中UPS系统的接口(有集中UPS的线路)

(1) 在环控电控室集中UPS系统配电箱的输出端子外侧(车控室端)。

(2) 在环控电控室环控柜UPS输出端子外侧(非车控室端)。

第九节　门禁系统(ACS)质量控制

一、ACS的设计质量管控

(1) 应在车站、车辆段、控制中心、停车场等与行车有关、重要的系统设备用房和管理用房及进入设备区的通道门设置ACS,统一管理持卡人的访问权限。只有合法的授权人员才能打开房门,从而保证各站点重要设备及管理用房的正常使用。当设备房间是门套门时,只在最外侧通向室外的门上设置门禁。当一个房间有多个门时,原则上在靠近车控室的门上设置门禁,双扇门门锁安装在活动扇门上。

(2) ACS应分为线网门禁授权平台、线路中央级与车站级三级管理。

(3) ACS运行模式应分为在线、离线、灾害3种模式。

(4) ACS应使用地铁员工票作为进入授权区域的门禁卡。

(5) ACS应采用断电释放式的电子锁,并在火灾时根据火灾位置按需求释放。

(6) ACS软硬件应采用模块化设计,通过软件升级及硬件扩展、增加现场设备则可以实现控制点扩展的要求。

(7) ACS应采用工业级控制系统,系统设计、配置设备时选用具有较强的抗电磁干扰能力,满足地铁特殊环境条件下正常使用的设备,同时考虑防尘、防潮、防毒,确保运行可靠。

(8) ACS中央级应具备由线网授权中心进行授权的功能。

二、ACS的安装质量控制

门禁系统的读卡器(房间外)、出门按钮及紧急开门按钮(房间内)安装在距门扇300 mm的墙面上,安装高度为底边距装修完成面1 400 mm。现场安装时需保证读卡器底边与低压专业开关的底边保持平齐,并据此对安装高度进行调整。单开门的读卡器、出门按钮及紧急开门按钮原则上安装在非门轴方向的墙面上。双开门的读卡器、出门按钮及紧急开门按钮原则上安装在加插栓的固定门一侧的墙面上。

三、ACS与其他系统的接口

（一）与综合监控系统接口

1. IBP接口

(1) 接口位置：车站控制室IBP盘接线端子排外线侧。

(2) 接口功能：通过IBP盘上的紧急按钮切断门禁系统电锁电源，实现所有门禁房间电锁的紧急释放，并点亮IBP盘上的状态指示灯。

2. 供电接口

(1) 接口位置：在综合监控设备室的配电箱馈线开关下口。

(2) 接口功能：综合监控系统为门禁系统提供不间断电源，电压波动范围(1±10%)×220 V，频率波动范围(1±1%)×50 Hz，电源容量5 kW。

3. 通信接口

(1) 接口位置：在综合监控设备室内通信配线架外线侧。

(2) 接口功能：综合监控系统为门禁系统提供100 M带宽的以太网传输通道。

（二）与火灾自动报警系统接口

(1) 接口位置：在门禁主控制器的外部接线端子处。

(2) 接口功能：火灾情况下，实现相关区域门禁电锁的紧急释放。

（三）与建筑装修专业的接口

(1) 接口位置：安装门禁设备的管理及设备用房、通道门等处。

(2) 接口功能：

① 向建筑专业提供设置门禁的房门安装门禁锁的要求。

② 建筑专业根据门禁锁安装要求落实提供设备管理房房门的厂家。

第十节　自动售检票系统(AFC)质量控制

一、AFC的设计质量管控

(1) 自动售检票系统由清分中心系统ACC、线路中央计算机系统LC、车站计算机系统SC、车站售检票终端设备SLE和车票媒质IC卡组成，是由计算机集中控制的自动售票、自动检票及进行票务管理、财务结算、客流量统计分析的轨道交通票务自动化管理系统。AFC系统用于轨道交通的乘客付费，采用联乘、计程、限时票价制和封闭式的票务管理，实现轨道交通各条线路的“一票通”和城市一卡通在本系统的使用。

(2) ACC接收各线路AFC设备上传的各类交易数据，对于市民卡的交易数据还将转发至市民卡清分中心，ACC在完成交易数据的清分结算及与各线路AFC系统、市民卡公司的对账处理后，最后生成结算等报表以作为财务部门进行银行划账的依据。

(3) LCC(线路中央计算机系统)各业务子模块按照业务描述、业务规则与流程、业务需求列表进行组织，其中业务描述为用户提供原始需求说明。业务规则与流程为系统分析人员根据业务特点进行需求分析和初步方案设计提供指导。业务需求列表为分析人员整理后形成的业务需求规格清单,作为设计人员进行系统设计的依据。LCC 系统核心业务层提供轨道交通 AFC 日常运营的基本功能,系统支撑与保障层为实现核心业务提供基础数据和系统维护及安全保障服务。

(4) SC(车站计算机系统)为车站 AFC 系统的核心部分,可对本车站内部的所有设备进行实时监控,实现对车站 AFC 系统运营、票务、收益等进行集中管理。SC 可收集、处理车站内各类数据,并上传到 LCC。接收 LCC 下传的各类系统参数,并通过 SC 下载到车站各终端设备。可接收 LCC 下达系统各类指令,并下传到各车站设备,同时可根据需要自行向车站设备下达控制指令,并将该操作记录上传到 LCC。

二、AFC 的安装质量控制

(1) 机柜底座焊接处焊缝应平整,打磨平滑,无裂缝、夹渣、气孔等缺陷,镀锌层完好、无氧化情况。底座安装排列整齐,固定牢固。底座安装误差及不平行度允许偏差如表 2-5 所列。

表 2-5　机柜底座安装允许偏差

项　目	允许偏差	
	mm/m	mm/全长
不直度	<1	<2
水平度	<1	<2
位置误差及不平行度	—	<2

(2) AFC 防水线槽组装完成后应通过气泵向线槽内充气,当压力表读数大于等于 12 kPa 时停止充气,拧紧充气嘴盖进行保压,持续 10 min 后压力大于等于 10 kPa 时为正常(备注:现场具备条件的进行全线整段气密性试验,不具备条件的或工序有交叉的可进行分段气密性试验,分段长度不小于 30 m)。

(3) AFC 机柜安装位置、机柜和底座的固定方式应符合设计要求。机柜安装牢靠,排列整齐,漆饰完好,铭牌、标识清楚正确。使用的各种安装固定件必须采用不锈钢或镀锌材料且满足设计要求。机柜的前后及左右倾斜偏差,应小于机柜高度的 0.1%。整列机柜前端面在平行直线上偏差小于 2 mm,每个机柜水平偏差小于 2 mm,柜间缝隙小于 2 mm。

三、AFC 与其他系统的接口

AFC 主要与 FAS 存在接口关系。当公共区发生火灾时,由 FAS 系统自动控制 AFC 闸机的释放,接口在综合监控系统 IBP 盘的闸机紧急按钮的接线端子上。

第十一节　综合监控系统(ISCS)质量控制

一、质量控制方法

(1) 综合监控设备到达现场应进行检查,其型号、规格、质量应符合设计要求及相关产品标准的规定。

(2) 机架(柜)电路插板的规格、数量和安装位置应符合设计要求。

(3) 车站IBP盘安装在各车站车控室,应能正确显示各站防灾报警系统(FAS)、机电设备监控系统(EMCS)、变电站自动化系统(电力SCADA)、屏蔽门系统(PSD)、自动售检票系统(AFC)、门禁系统(ACS)、车载信息显示系统、车站信息系统(SIS)、信号系统(ATS)、广播系统(PA)、闭路电视系统(CCTV)、电话系统(包括调度电话、公务电话)、无线集群通信系统(用于行车调度、列车运行状态监控等)、时钟系统的具体工作状态。大屏安装在控制中心中央控制大厅,应能对全线上述各系统工作状态正确显示。

(4) IBP盘及大屏幕安装位置符合设计要求,拼装弧度符合设计要求。

(5) IBP盘及大屏幕安装障碍物的距离必须满足检修、维护、消防及设计文件的要求。

(6) IBP盘及大屏幕安装的垂直倾斜度偏差应小于IBP盘及大屏幕高度的0.1%。

(7) 配线电缆和电线的芯线应无错线或断线、混线,中间不得有接头。配线电缆芯线间的绝缘电阻应符合下列规定:

① 音频配线电缆不应小于50 MΩ。

② 高频配线电缆不应小于100 MΩ。

③ 同轴配线电缆不应小于1 000 MΩ。

④ 音频配线电缆近端串音衰减部应小于78 dB。

(8) 光缆尾纤应按标定的纤序连接设备。光缆尾纤应独立布放并用垫衬固定,不得挤压、扭曲、捆绑,弯曲半径不应小于50 mm。

(9) 交直流配电设备的进、出线配电开关及保护装置的数量、规格应符合设计要求。

二、ISCS功能测试验证

(一) 车站综合监控系统

后备操作盘盘面布置和功能应符合设计要求,具备灾害报警,以及信号、环境和设备监控系统、电力监控系统、火灾报警系统、自动售检票、屏蔽门、电梯及自动扶梯等系统的后备应急操作,包括:

(1) 隧道火灾模式。

(2) 车站火灾模式。

(3) 隧道阻塞模式。

(4) 屏蔽门滑动门应急开启。

(5) 信号紧急停车、扣车和放行。

(6) 自动售检票系统闸机释放。

(7) 门禁系统电锁释放。

(8) 按设计要求实现其他紧急情况相关的应急措施,联防、联动控制。

(9) 后备操作盘各指示灯状态显示应与现场设备状态一致,按钮、开关控制及联锁功能、试灯功能应正常。

(10) 车站接入专业功能应符合设计要求。

(二) 控制中心监控系统

(1) 监视功能应正常:全线各车站接入专业动态显示画面完整,无遗漏站点和遗漏专业。画面中显示的各车站、各专业设备状态与现场实际设备状态一致。设备图符标识及设备状态标识符合设计要求。

(2) 中心电力监控功能应正常。

(3) 环境与设备监控功能应正常。

(4) 火灾报警功能应正常。

(5) 操作权限功能应符合设计要求。

(6) 大屏幕系统功能和性能应符合设计要求。

三、ISCS 与相关系统及设备的接口

(1) PSCADA(power supervisory control and data acquisition,电力监控系统)专业:ISCS 完成对全线各类电力设备的中央级监控功能和车站控制室的监控功能。变电所内的电力设备就地级监控功能由变电所 PSCADA 系统自身完成。

(2) BAS(building automation system,环境与设备监控系统)专业:ISCS 完成对全线机电设备的中央监控功能和车控室监控功能。机电设备的就地级监控功能由 BAS 系统自身完成。

(3) FAS(fire alarm system,火灾报警系统)专业:ISCS 完成 FAS 中央级监控功能和车站级监控功能。ISCS 与各站点内相对独立的 FAS 共同构成全线完整的 FAS。

(4) PSD(platforms screen door, 站台屏蔽门)专业:ISCS 负责监视站台屏蔽门状态,提供服务和安全保障。

(5) FG(flood gate,防淹门)专业:对 FG 进行集成,负责监视防淹门状态。

(6) AF 专业:车辆段 ISCS 实现车辆段 AF 系统的集成,实现车辆段安防系统中周界报警系统、视频监视系统、广播系统的联动功能。

(7) SIG(signal,信号)专业:在控制中心 ISCS 实现与 SIG 互联,ISCS 实现与 SIG 的信息互通功能,并实现与相关系统联动功能。

(8) AFC(auto fare collection,自动售检票系统)专业:在控制中心 ISCS 实现与 AFC 系统互联,ISCS 实现对客流信息和 AFC 设备状态信息的监视功能。

(9) ACS(access control system,门禁系统)专业:在车站 ISCS 通过网络与 ACS 系统互联,ISCS 完成对 ACS 设备的监控功能。

(10) PA(public address,广播系统)专业:在车站、车辆段和控制中心,ISCS 与 PA 互联。ISCS 实现对 PA 设备的监控功能。广播所需的音频通道、麦克风和后备控制键盘等由 PA 系统提供。

(11) CCTV(closed circuit tele vision,闭路电视系统)专业:在车站和控制中心,ISCS 与 CCTV 互联。ISCS 实现对 CCTV 图像切换、云台调节等控制功能和视频(含软件解码显示图像)终端显示功能。视频信息的传输通道、画面合成功能和后备控制键盘等由 CCTV 提供并实现。

(12) RCS(radio-communication system,无线通信系统)专业:在控制中心,综合监控系统与 RCS 实现互联。车辆的设备状态及报警、车辆状态及故障、火灾报警信息、乘客应急对讲装置动作信息、紧急开门装置动作信号和载重信息等将通过 RCS 上传至 ISCS,ISCS 在中央、车辆段控制中心(DCC)的工作站可显示在线列车的重要故障状态。

(13) PIDS(passenger information display system,乘客信息显示系统)专业:综合监控

系统在中央与 PIDS 实现互联。综合监控系统负责将时钟信息、ATS 信息和与运营相关的车站和车载显示所需的文本信息提供给 PIDS 系统，同时将 PIDS 系统车载视频画面显示在 ISCS 工作站上。PIDS 系统需将车载视频信息提供给 ISCS 系统，同时负责播出画面的合成及播出控制等功能，并负责车站和车载的终端显示功能。

(14) ALARM(告警系统)专业(如有)：在控制中心，综合监控系统与通信集中网管系统互联。ISCS 实现对通信系统中各子系统的关键和重要告警信息集中监视功能。

(15) CLK(clock，时钟系统)专业：在控制中心，ISCS 与 CLK 互联，实现全线设备系统的对时功能，并根据集成系统的需要将此时钟信息发送给相关集成系统。

第十二节　电梯、自动扶梯质量控制

一、电梯设计质量管控

(1) 车站站台至站厅、站厅至地面原则上配置垂直电梯，实现残疾人无障碍通道。

(2) 车站垂直电梯选用无机房电梯。

(3) 站台至站厅电梯原则上应配置在付费区，出入口电梯配置在非付费区，采用无人值班方式，乘客能自行操作电梯升降，以减少车站服务人员。

(4) 站内电梯优先选用载重量为 1.6 t 的电梯，当条件受限制时尽量选用载重量为 1.35 t 的电梯，以上都无法选用时采用载重量为 1 t 的电梯。出地面电梯均采用载重量为 1.35 t 的电梯。

(5) 站内电梯优先选用透明井道，透明井道电梯轿厢和与之对应的井道应用透明材料制造。出地面电梯采用土建井道，尽量与周边环境协调一致，通风孔处装修应满足通风和防止雨水进入井道的要求，且应在地面设候梯厅。

(6) 出地面电梯可根据与出入口结合形式选择贯通门和非贯通门的方式。

(7) 无机房电梯层门面向集散厅布置，厅门应尽量避免面向轨行区。轿厢内按钮、层门召唤应有盲文。轿厢壁应有镜子，也应有残疾人专用的扶栏。轿厢、层门召唤箱、轿顶、底坑、车站控制室之间具有五方通话功能。

(8) 轿厢内增设残疾人使用的副操作盘。副操作盘的设置位置及功能设计需满足盲人、乘坐轮椅者的需求。

(9) 电梯轿厢应设置语音提示及视频监视。

(10) 电梯井道不能通过与电梯无关的电缆和管道。

(11) 电梯底坑不得积水，结构应有防水措施，底坑设置排水孔。

二、扶梯设计质量管控

(1) 自动扶梯选用公共交通型重载梯，其特点是安全、可靠、耐用。

(2) 扶梯类型分为室内型扶梯和室外型扶梯。在车站内选用室内型扶梯，出入口选用室外型扶梯，设置扶梯的出入口应设置顶盖。

(3) 为确保乘客安全，要求自动扶梯上、下端部应有不小于 1.6 m 长的水平梯级，即 4 个水平梯级。

(4) 自动扶梯梯级宽度为 1 000 mm,运行速度 0.65 m/s,倾斜角度 30°。

(5) 自动扶梯上方应设置满足扶梯吊装要求的吊钩。

(6) 扶梯井道应预留唇口及预埋钢板。

(7) 出入口扶梯下部应设置检修步道。

(8) 自动扶梯的踏步面到顶部的建筑物吊顶面铅垂净空高度不小于 2 500 mm。

(9) 扶梯下部底坑内不得积水,底坑设置排水孔。

(10) 地下车站室内自动扶梯桁架下底部由钢板封闭,地下车站室外自动扶梯桁架底部漏空。高架车站自动扶梯桁架下底部由钢板封闭。

(11) 用于事故疏散的自动扶梯采用一级负荷,非疏散的自动扶梯采用二级负荷。

(12) 自动扶梯接受 BAS 系统的远程控制,在紧急情况下,可接收通过 IBP 盘发出的紧急停梯命令。

(13) 室外型扶梯设置油水分离器,雨水流经油水分离器后才流入集水井。

(14) 扶梯所在位置应避开结构变形缝。

(15) 每个车站应设置电扶梯设备房,可采用站厅至站台自动扶梯下三角机房,面积不应小于 10 m^2。

三、扶梯安装质量控制

(1) 梯级、踏板、胶带的楞齿及楞齿板应完整光滑。

(2) 内外盖板、围裙板、扶手支架、扶手导轨、护壁板接缝应平整。接缝处的凸台不应大于 0.5 mm。

(3) 梳齿板梳齿与踏板面齿槽啮合深度不应小于 6 mm,其间隙不应小于 4 mm。

(4) 围裙板与梯级、踏板任何一侧的水平间隙不应大于 4 mm,两边的间隙之和不应大于 7 mm。

(5) 梯级间或踏板间的间隙在工作区段内的任何位置,从踏面测得两个相邻梯级或两个相邻踏板之间的间隙不应超过 6 mm。

(6) 护壁板之间的空隙不应大于 4 mm。

(7) 当自动人行道的围裙板设置在踏板或胶带之上时,踏板表面与围裙板下端之间的垂直间隙不应大于 4 mm。

(8) 在自动人行道过渡曲线区段,踏板的前缘和相邻踏板的后缘啮合,其间隙不应大于 8 mm。

(9) 应测量不同回路导线对地的绝缘电阻。测量时应断开电子元件。导体之间和导体对地间的绝缘电阻应大于 1 000 Ω/V,且其值在动力电路和安全装置电路必须大于 0.5 MΩ,在其他电路必须大于 0.25 MΩ。

(10) 有电气设备及导管、线槽的外露可导电部分均必须可靠接地(PE)。

(11) 接地支线应分别直接接至接地干线接线柱上,不得相互连接后再接地。

(12) 主电源开关不应切断电源插座、检修和维护所必需的照明的电源。

四、电(扶)梯调试

电(扶)梯调试是判断电(扶)梯能否正常、安全、可靠地投入运行的重要手段。调试大致可以分为3个阶段:第一是安装单位的自检性调试,第二是制造单位的校验和调试,第三是检验检测机构的监督检验。前面阶段调试结果是后面阶段的基础,只有监督检验合格后,电(扶)梯方可正式投入使用。所以调试工作是十分重要的,依现行国家标准《电梯工程施工质量验收规范》(GB 50310—2002)规定,电(扶)梯调试的基本要求如下:

(一) 调试前的准备

(1) 电(扶)梯工程除调试外,安装工作已结束,并经检查符合要求。

(2) 调试用作业指导书已具备。

(3) 配备满足调试需要的检测仪器、仪表和设备,仪器、仪表在有效期内,设备状态完好。

(4) 调试作业人员经培训合格。

(二) 调试的基本要求

(1) 安全装置或功能符合规定,安全开关动作可靠。

(2) 限速器、安全钳联动试验符合规定。

(3) 层门或轿门非正常打开时电梯严禁启动或继续运行。

(4) 曳引机曳引能力符合规定。

(5) 电(扶)梯运行试验合格,按规定每小时运行次数(每天不少于8 h)检验可靠程度。

(6) 电(扶)梯有关部分的噪声、平层准确度、运行速度等检验符合规定。

(7) 对电(扶)梯的观感质量检查符合规定。

(8) 检验检测的结果形成记录,确保记录的准确性和完整性,记录应有调试责任人签字。

(9) 调试中发现的缺陷要及时修正,修正可以是调整或更换零部件,否则电(扶)梯不能试运行或转入下阶段的校验和监督检验。

(10) 电(扶)梯安装单位自检试运行结束后,应及时整理记录,并向制造单位提供记录,由制造单位负责进行校验和调试,监理参与。校验和调试符合要求后,向经国务院特种设备安全监督管理部门核准的检验检测机构报验要求监督检验。监督检验合格,电(扶)梯可以交付使用。

(三) 电梯的主要技术参数

(1) 电梯型号:无机房电梯。

(2) 额定载重:1 600 kg(21人)、1 350 kg(18人)、1 000 kg(13人)。

(3) 额定速度:1.0 m/s。

(4) 机房:无。

(5) 开门方式:中分双扇门。

(6) 开门方向:一侧。

(7) 驱动控制:变频调速系统。

(8) 电梯类型:客货两用梯。

(9) 电梯驱动方式:上曳引无机房。

(10) 井道顶层高度:不小于4 500 mm。

(11) 井道底坑深度:1 600 mm。

(12) 供电制式:AC 380 V(三相四线制)/220 V,50 Hz,TN-S系统。

(13) 控制方式:单台集选控制,可实行有/无司机操作。

(四) 扶梯的主要技术参数

(1) 扶梯型号:公共交通重载型扶梯。

(2) 梯级宽度:1 000 mm。

(3) 名义速度:0.65 m/s。

(4) 维修、节能速度:0.13 m/s。

(5) 倾斜角度:30°。

(6) 最大输送能力:7 300 人/h。

(7) 水平梯级数量:上、下各 4 块。

(8) 运转形式:上、下可逆转。

(9) 控制方式:微机或 PLC 控制(变频器故障时可切换至工频状态运行)。

(10) 驱动方式:上部驱动、控制柜及变频器均内置于自动扶梯桁架内。

(11) 供电制式:AC 380 V(三相四线制)/220 V,50 Hz,TN-S 系统。

(五) 调试

(1) 首先以检修模式慢车运行,检查各运动部件、安全开关及固定部件的安装位置尺寸以及运动件与固定件的间隙是否符合要求。

(2) 慢车运行完毕,对不符合安装尺寸要求的部件进行调整后,可进行快车调试(即以额定速度运行扶梯),检查主驱动系统、控制系统、功能设定及噪声等是否符合技术要求。

(3) 在上述调试过程中应注意施工临时用电问题,在车站正式电源供应尚不具备条件时,需采用临时电源进行调试工作。若现场施工临时电缆线径不满足设备调试要求,则安装单位应自行配备临时电缆从上级临时配电箱处接入调试用电。

五、电(扶)梯与其他系统的接口

(一) 与建筑专业的接口

(1) 通过总体组向车站设计单位建筑专业提供如下资料:

① 自动扶梯、电梯主要参数图和典型布置图(包括详细尺寸、扶梯中间支承的布置、吊环的布置、排水要求、开孔宽度要求)。

② 自动扶梯及电梯四周与建筑装修专业的接口条件。

(2) 车站设计单位建筑专业应完成如下工作:

① 满足典型布置图所有要求的每台自动扶梯、电梯的平面图、纵剖面图。

② 扶梯及电梯与建筑装修周边收口设计图。

(二) 与给排水专业的接口

(1) 向给排水专业提供扶梯、电梯的排水要求:出入口扶梯前设截流水沟,出入口扶梯下部地坑附近设集水井,地坑与集水井之间用 2 根不小于 ϕ200 mm 排水钢管相连,集水坑警戒水位标高应低于机坑底面标高 100 mm 以上。电梯底坑不得积水,站内电梯下端底部坑沿站台底板坡度方向单侧设置 ϕ100 mm 排水管及专用闸阀。出入口电梯底坑外应设集水井,集水井与电梯底坑应分开,两者用 ϕ100 mm 排水管相连,排水管设专用闸阀,集水井设排水设施。集水井最高水位必须低于电梯底坑最低标高 200 mm 以上。

(2) 车站给排水专业完成扶梯、电梯下部地坑集水井中设水泵,集水井与扶梯、电梯下部底坑必须分隔。

(3) 给排水专业引出至出入口外部水管的敷设不应横穿扶梯下清扫通道,避免水管法兰盘等占用扶梯底部空间,导致扶梯无法安装。

(三) 与动力照明专业的接口

1. 向动力照明专业提供的资料

(1) 扶梯上部机房电缆进线位置、配电要求(包括相线数、电机容量、负荷等级)。

(2) 电梯配电要求、相线数、电机容量、进线位置、接地要求。

(3) 自动扶梯在停止运行后,才允许切除电源。

(4) 电梯接收到 BAS 专业的火灾指令后,自动运行到安全层,电梯开门,疏散乘客后,停止运行,并向 BAS 专业反馈命令执行完毕信息,之后才允许切除电梯电源。

2. 动力照明专业应完成的工作

完成扶梯、电梯配电设计。

3. 界面划分

动力照明专业分别敷设电缆至每台扶梯、电梯指定的进线位置处。由扶梯、电梯的供货厂家接入本身设备的主电源开关。

(四) 与环境与设备监控系统(BAS)的接口

1. 向 BAS 提供的资料

(1) 扶梯监控信号的种类和要求,各车站自动扶梯台数和位置(设备名称、数量、型号规格、编号),硬线或通信接口、接线位置。

(2) 电梯监控信号的种类和要求,各车站电梯台数和位置(设备名称、数量、型号规格、编号),硬线或通信接口、接线位置。

(3) IBP 盘上设置的扶梯上、下行显示灯,急停按钮,蜂鸣器,以及蜂鸣器显示灯等的要求。

2. BAS 应完成的工作

(1) 负责将自动扶梯的远程监控纳入系统设计并提出对接口的要求。

(2) 负责将电梯的监控要求纳入系统设计并提出对接口的要求。

(3) 实现人工操作 IBP 上急停按钮,BAS 系统向扶梯发送停梯信息。

(4) 发送火灾信息给电梯,接收电梯反馈信号。

(5) 向综合监控(ISCS)IBP 盘上提供设置扶梯上、下行显示灯,急停按钮,蜂鸣器,以及蜂鸣器显示灯等的要求。

(6) 接收车站所有自动扶梯上传的故障信息、运行时间、故障数量统计等,生成报表。

(7) 向自动扶梯下发语音播报指令,具体播报内容在下阶段细化落实。

3. 界面划分

(1) 自动扶梯与 BAS 的远程监控设备接口位置在自动扶梯控制箱内,BAS 从此接线端子接线。

(2) 电梯设备与 BAS 的远程监控设备接口位置在电梯最高停层的层门控制箱内,BAS 从此接线端子接线。

(五) 与综合监控(ISCS)的接口

自动扶梯与 ISCS 无直接接口,IBP 盘功能通过 BAS 与扶梯接口实现。ISCS 负责 IBP

盘面设计。

（六）与通信系统的接口

1. 通信需要的资料

(1) 提供电梯对讲电话安装位置和对讲电话线的规格尺寸要求。

(2) 在电梯轿厢内设置摄像头，并在电梯最顶层的控制柜预留视频接口。

(3) 提供各扶梯安装位置等资料。

2. 通信系统应完成的工作

(1) 在扶梯位置应设置足够的摄像头，应能清晰监视到车站每台扶梯从上到下整个梯路的情况。

(2) 按照电梯要求进行由对讲电话至车站控制室的对讲电话线的设计及敷设。

(3) 向电梯敷设视频电缆，并将电梯的监视要求纳入通信系统。

3. 界面划分

在电梯最高停层层门控制箱接线端子排。

第十三节　安检设备质量控制

安检系统设备包括通道式X射线安全检查设备、台式液体检查仪、便携式液体检查仪、便携式爆炸物探测器、防爆球、危险物品存储罐、手持金属探测器辅助设备及安检标识（其中辅助设备包含但不限于插排、腰挂式扩音器、手持式扩音器、客流引导带、阅图工作站围挡、安检设备柜、安检工作台、座椅等）。

一、质量控制的依据

(1)《微剂量X射线安全检查设备 第1部分：通用技术要求》（GB 15208.1—2018）。

(2)《外壳防护等级（IP代码）》（GB/T 4208—2017）。

(3)《电离辐射防护与辐射源安全基本标准》（GB 18871—2002）。

(4)《中华人民共和国放射性污染防治法》。

(5)《建筑电气工程施工质量验收规范》（GB 50303—2015）。

(6)《建筑工程施工质量验收统一标准》（GB 50300—2013）。

(7)《智能建筑工程质量验收规范》（GB 50339—2013）。

(8)《智能建筑工程检测规程》（CECS 182:2005）。

二、通道式X射线安全检查设备的安装质量控制

（一）更换滚筒

(1) 设备应首先断电，然后断开马达电缆。

(2) 拆开外罩板，拧下输送机与框架固定螺栓，卸下输送机。

(3) 放松张紧螺栓，放松皮带，即可对电动滚筒或调偏滚筒进行拆卸更换。

（二）更换输送带

(1) 将损坏的胶带剪断取出。

(2) 按原胶带周长在胶带厂对新胶带进行冷胶接前的先期加工处理。

(3) 现场对装配好的新胶带进行冷胶接工艺。

(三) 更换及调整光障

(1) 设备断开电源,打开外罩。

(2) 断开光障电缆。

(3) 拧下两个光障固定螺栓。

(4) 换上新的光障,通过调整光障的上下位置来调整好光障的位置,固定牢靠。

(5) 将光障的电缆出口处按照图纸焊接好连接器。

(6) 连接好电缆。

(7) 装好设备的盖板。

(8) 接通电源,启动传送带,在传送带上放上不透明的物体,测试射线能否正常打开。

(四) 更换及调整 X 射线源

(1) 系统断电,拆除设备外罩。

(2) 断开来自 X 射线源的电缆。

(3) 拆除 X 射线源紧固螺钉。

(4) 拆除限位块。

(5) 松开调整螺栓。

(6) 将 X 射线源拿出。

(7) 按上述步骤顺序安装新 X 射线源。

(8) 不要拧紧固定螺钉及限位块。

(9) 系统通电。

(10) 进入"主菜单",再进入"设备配置"菜单。

(11) 交替调整 X 射线源右边的调整螺丝和手柄。

(12) 调整过程结束后,拧紧射线源紧固螺钉、限位块。

(五) X 射线管的训管

X 射线管训管的目的是降低 X 射线源的故障率,延长 X 射线管使用寿命,提高整机使用的可靠性。对于停用期在半年以上的,或者因各种原因经过运输颠簸或剧烈振动的线扫描 X 射线安全检查设备用的中频 X 射线源(包括已装配到整机上和尚未装配到整机的 X 射线源),都要严格按照训管程序进行 X 射线管的训管。整机现场安装调试及整机闲置后重新启用时,应严格进行 X 射线管的训管。

X 射线管的训管程序包括上电、初调、训管、终调 4 个子过程。

第三章　城市地下综合管廊机电工程技术

第一节　城市地下综合管廊建设实践

一、综合管廊背景意义

（一）管理需求

城市市政管线是保障城市正常运行的“生命线”，过去的市政公用管线各自为政，在道路地下或空中敷设，市政管线扩容、增容不仅造成了“马路拉链”“空中蜘蛛网”等现象，且导致管线事故时有发生，极大地影响了城市的安全运行。为打破传统，全面提升管线建设水平，保障市政管线运行的安全、完善城市功能、美化城市布局，有必要采用综合管廊敷设管线。

（二）城市发展需求

近几年我国城镇化发展迅速，城市规模逐步扩大，导致城市建设用地紧张、市政基础设施不足、环境污染等问题。综合管廊建设能有效提高地上、地下空间利用率，节约用地及美化城市面貌，推动城市的有效发展。

（三）国家政策推动

2013 年 9 月 6 日，国务院发布《关于加强城市基础设施建设的意见》（国发〔2013〕36 号），其中规定：开展城市地下管廊试点，用 3 年左右的时间，在全国 36 个大中城市全面启动地下管廊试点工程；中小城市因地制宜建设一批管廊项目。新建道路、城市新区和各类园区地下管网应按照管廊模式进行开发建设。

2014 年 3 月 16 日，国务院印发的《国家新型城镇化规划（2014—2020 年）》（中发〔2014〕4 号）提出：统筹电力、通信、给排水、供热、燃气等地下管网建设，推行城市综合管廊，新建城市主干道路、城市新区、各类园区应实行城市地下管网综合管廊模式。

2014 年 12 月 26 日，财政部发布的《关于开展中央财政支持地下综合管廊试点工作的通知》（财建〔2014〕839 号）提出：中央财政对地下综合管廊试点城市给予专项资金补助，一定三年，具体补助数额按城市规模分档确定，直辖市每年 5 亿元，省会城市每年 4 亿元，其他城市每年 3 亿元。

2015 年 8 月 3 日，国务院办公厅印发了《关于推进城市地下综合管廊建设的指导意见》（国办发〔2015〕61 号），全面部署推进城市地下综合管廊建设工作。

在我国城市快速发展背景下，城市地下管网建设滞后于城市的发展需求，此时综合管廊作为解决城市管网建设滞后的有效方式应运而生，近几年如雨后春笋般涌现。监控与报警系统建设是综合管廊运维管理和数据分析的重要基石，为入廊管线提供安全、高效、舒适的运行环境，如何利用管廊监控与报警系统带来的便利提升管廊管理水平和运维是关键。综合管廊系统的设计，尚未出台有关配置等级的明确要求，其子系统众多，且系统扩展性及延展性较强，经过近几年的发展，新技术及新理念层出不穷，相应技术规范修编较为频繁，但在设计、设备招标、施工及后期使用中不少技术问题仍凸显。

二、国内外发展现状

（一）国外发展现状

地下综合管廊起源于19世纪欧洲，法国首都巴黎于1833年在世界上最早修建地下综合管廊。19世纪60年代，巴黎修建了比较完善的综合管廊，纳入电力、电信、给水及热力管道等，采用矩形断面。至2015年，巴黎的综合管廊总长度居世界里程之首，已达2 100 km。

图3-1　仙台综合管廊

1926年日本开始建设综合管廊，起初称之为“共同沟”。至1992年，日本共同管沟里程数已经达到310 km。1963年日本颁布执行《共同管沟实施法》，到2001年日本国内已建成综合管廊600 km，位居亚洲之首。日本在综合管廊建设速度、规划合理性、法规制定及实施技术方面均居世界前列。图3-1、图3-2和图3-3分别为仙台、名古屋、东京综合管廊。

图3-2　名古屋综合管廊

图3-3　东京综合管廊

美国自1960年起开始综合管廊的研究，1970年在怀特普莱恩斯市中心建设综合管廊。美国具代表性的纽约市从東河下穿越并连阿斯托里亚和HellGate发电厂的管廊，管廊长约1.55 km，收容有电力、通信、污水管及给水干线。

1861年英国开始在伦敦市区建设综合管廊，采用半圆形断面，收纳电力、通信、给水及污水管线。至2015年，伦敦市区超过22条综合管廊已建设完成。

（二）国内发展现状

1958年国内第一条综合管沟在天安门广场下建成。2012年，北京昌平区鲁疃西路综合管廊建成，全长3.9 km，是北京首个智能城市综合管廊，收纳了电力、通信、热力等5类管线，该综合管廊针对远期发展，预留了污水、直饮水及生活热水的管位。管廊内监控与报警系统24 h不间断运行。

1994 年,上海浦东新区张杨路修建了两路共 11.2 km 的支线综合管廊,收容了电力、通信、给水及燃气等管线。2006 年,上海嘉定安亭新镇地区建成 7.5 km 的综合管廊。上海临港北岛西路综合管廊作为 3 个示范项目之一,使用了“智能机器人巡检”,成为上海首个实现“智能巡检”的综合管廊。

1980 年,台湾开始致力于综合管廊建设方案研究,1990 年制定了《公共管线埋设拆迁问题处理方案》来推动综合管廊建设。至 2002 年,台湾综合管廊已建成超过 150 km。

长沙市综合管廊试点项目总长度 61.4 km,由 21 条管廊、4 个监控中心组成。2017 年首条示范段综合管廊建成,总长 1.46 km,设综合舱、污水舱及燃气舱共 3 个舱室,设置了机器人自动巡检,可实现 24 h 全方位智能巡检。

济南市于 2001 年在泉城路道路拓宽改造中实施了综合管廊工程,此后在奥林匹克体育中心、龙洞路、旅游北路、二环西路分别建设地下综合管廊。2016 年济南市中央商务区综合管廊总长 4.52 km,设置 2～3 个舱室,收纳共 7 种类型管线。2018 年工业北路管廊(电建路～东绕城高速郭店立交)施工完成,全长 12.4 km,收纳供水、中水、通信、110 kV 电缆、220 kV 电缆及 10 kV 电缆管线。此外凤歧路、凤鸣路、坝王路及飞跃大道综合管廊也正在建设之中。

从 2013 年起,国务院先后颁布了多条关于综合管廊的相关政策和标准,极大地促进了我国综合管廊行业的发展。2015 年,国内共有约 1 000 km、69 个城市在建的地下综合管廊。

目前我国对城市综合管廊的研究和实践还处于初级阶段,在规划、设计、建设及管理等方面与国外相比还有较大的差距,主要表现为建设规模较小、施工工艺单一、法律法规不完善及智能化水平低等方面。

三、综合管廊概念

综合管廊在我国有“共同沟”“综合管沟”“共同管道”等多种称谓,在日本称为“共同沟”,在我国台湾地区称为“共同管道”,在欧美国家多称为“Urban Municipal Tunnel”,即地下城市管道综合走廊,是集电力、通信、燃气、热力、给排水等各种管线于一体的城市市政公用设施,实施统一规划、设计、施工和维护管理原则,是保障城市运行的重要基础设施和“生命线”,其内部实景及示意图如图 3-4 和图 3-5 所示。根据其所容纳的管线可以将综合管廊分为 3 类:干线综合管廊、支线综合管廊及缆线综合管廊。

图 3-4　综合管廊实景图

四、综合管廊机电工程建设内容

机电工程建设内容即综合管廊附属设施包括消防系统、通风系统、供配电系统、照明系统、监控与报警系统、排水系统及标识系统等,其框图如图 3-6 所示。

(一) 消防系统

综合管廊是在城市地下建造的一个隧道空间,一旦起火,将会造成财产损失和人员伤

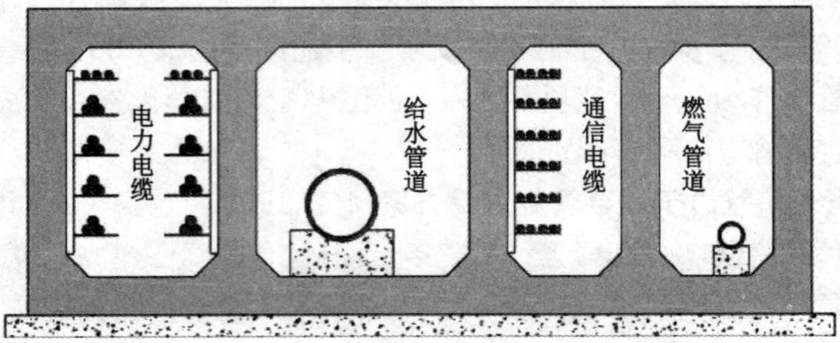

图 3-5　综合管廊截面示意图

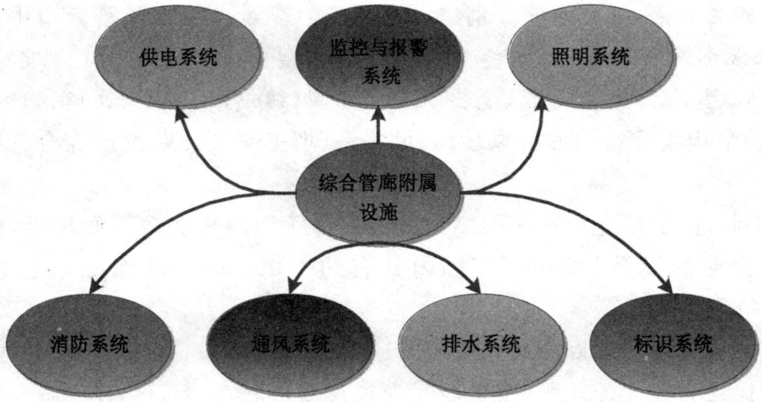

图 3-6　管廊附属设施框图

害。综合管廊内敷设的主要有燃气管线、电力电缆、通信光缆、给水管道等市政管线设施，此外还有部分自用的缆线设施。在综合管廊内的各种管线中，主要是燃气管线、电力线路具有起火的可能性。燃气管线起火主要原因是燃气泄漏，并接触明火或火花，甚至引起爆炸。根据《城市综合管廊工程技术规范》(GB 50838—2015)，综合管廊内应在沿线、人员出入口、逃生口等处设置灭火器材，设置间距不应大于 50 m，灭火器的配置应符合现行国家标准《建筑灭火器配置设计规范》(GB 50140—2005)的有关规定；干线综合管廊中容纳电力电缆的舱室、支线综合管廊中容纳 6 根及以上电力电缆的舱室应设置自动灭火系统，其他容纳电力电缆的舱室宜设置自动灭火系统。

固定自动灭火装置针对综合管廊内可燃物主要是电缆的特点，根据国内外类似工程实例和相关资料，可以采用的灭火方式主要为泡沫灭火系统、高压细水喷雾灭火系统、气体灭火系统及干粉灭火系统。由于泡沫灭火系统较复杂，需要较多的泡沫液储存装置，以及必须先切断电源进行灭火的等缺点，因此它不适合在电力管廊中使用。高压细水喷雾系统是一种灭火效率高、无环境污染的灭火技术，灭火机理是表面冷却、窒息、冲击乳化和稀释的物理灭火，能通过很强的气化降温作用和隔氧窒息作用，达到迅速灭火的目的，目前国内已有部分城市采用；但是高压细水喷雾灭火系统组成复杂，需要有水源、水池、供水装置、区域选择阀门、压力开关、开式喷头、火灾报警控制器、火灾探测器及庞大的管网系统。目前气体灭火系统常用的主要有七氟丙烷灭火系统、混合气体灭火系统及二氧化碳灭火系统，由于气体灭火时遇热产生的分解产物对人体有害，且分解产物与空气中的水蒸气结合产生氢氟酸，会对电缆等其他管线造成损害，因此在电力管廊内设置的自动灭火装置采用干粉，灭火剂采用复合材料超细干粉灭火。超细干粉灭火装置安装示意图如图 3-7 所示。

图 3-7　超细干粉灭火装置安装示意图

（二）通风系统

综合管廊按不大于 200 m 为一个防火分区。每一独立防火分区，一端设置百叶窗自然进风，另一端设机械排风兼排烟风机一台，排风口要求设置在绿化带中，与景观绿化融为一体。

燃气管道舱室的排风口与其他舱室排风口、进风口、人员出入口及周边建(构)筑物口的距离不小于 10 m。燃气舱室的各类孔口不与其他舱室连通，并设置明显的安全警示标志。

综合管廊的每个排风口设一台排风机，基本形式为耐高温消防排烟风机，应符合节能环保要求。风机采用双速型通风机，正常情况低速运行，当综合管廊内空气温度高于 40 ℃或需进行线路检修时，开启排风机，同时满足综合管廊内部环境控制的要求，当综合管廊内发生火灾时，发生火灾的防火分区及相邻分区的通风设备进行自动关闭，待火灾熄灭后，事故自动排风系统打开，高速运行排除浓烟。燃气舱风机应采用防爆风机。通风原理图如图 3-8 所示。

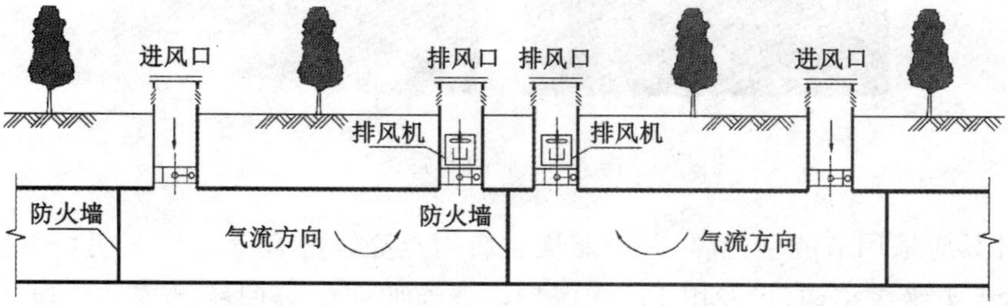

图 3-8　管廊通风原理图

（三）供配电系统

供电负荷等级划分：消防设备、管道紧急切断阀、事故风机、监控与报警设备及应急照明为二级负荷；一般照明、检修插座箱及排水泵用电等为三级负荷。沿线约每 1.2 km 设置一处箱式变电站，考虑管廊为细长条形状，负荷比较分散，可以考虑与道路照明合用电源。

在综合管廊每段防火分区就地安装动力配电箱，负责该防火分区内动力设备的配电和控制，在排烟风机、排水泵等处就地设置专用机旁按钮箱对设备进行现场控制。主回路设备就地设负荷开关，作检修隔离之用。综合管廊内沿线每隔 60 m 左右设插座箱，作施工安装、维修等临时接电之用。

综合管廊内集中敷设了大量的电缆，为了确保综合管廊运行安全，应有可靠的接地系统。除利用构筑物主钢筋作为自然接地体，在综合管廊内壁将各个构筑物段的建筑主钢筋相互连接构成法拉第笼式主接地网系统。综合管廊内所有金属构件、电缆金属套、金属管道及电气设备金属外壳均应与接地网连通。另外，在综合管廊外壁处设置人工接地体预埋连接板，作为后备接地。综合管廊接地网还应与各变配电所接地系统可靠连接，组成联合接地系统，接地电阻应不大于 1.0 Ω。

（四）照明系统

管廊内部设置一般照明和应急照明。综合管廊内人行道的一般照明平均照度及最低照度分别不低于 15 lx、5 lx，内部节点处局部照度不小于 100 lx。每段防火分区内的一般照明灯具由该分区照明配电箱统一配电，在人孔、防火分区门处设手动开关控制，并设监控系统远程控制，照明状态信号反馈至监控系统。疏散应急照明照度不低于 5 lx，应急照明灯具附带后备蓄电池或集中 EPS 供电，应急时间不应小于 60 min。管廊出入口和各防火分区防火门上方应有安全出口标志灯，灯光疏散指示标志应设置在距地坪高度 1.0 m 以下，间距不应大于 20 m。照明布置图如图 3-9 所示。

图 3-9　照明布置图

照明灯具应采用节能型光源，并应能快速启动点亮。综合管廊内照明灯具防护等级不低于 IP54，Ⅰ类绝缘结构，设专用 PE 线保护。普通照明灯具回路设置动作电流不大于 30 mA 的剩余电流动作保护措施。

（五）监控与报警系统

综合管廊监控与报警系统分为环境与设备监控系统、安全防范系统、通信系统、预警与报警系统、地理信息系统和统一管理信息平台等。系统可以将综合管廊附属设施相关系统有机地结合，形成统一管理平台，为综合管廊后期运营服务。

1. 环境与设备监控系统

（1）综合管廊每个防火分区内，通风区间中间位置设氧气、温度/湿度检测仪各一套；在人员出入口和通风回风口气体流经处设置 H_2S 及 CH_4 检测仪各一套。当区间内氧含量过低(低于 19.5%)、温度过高(高于 40 ℃)、湿度过高(高于 90%)、H_2S 浓度过高(高于 10 mg/m^3)及 CH_4 浓度过高(体积分数>0.1%)时,环境与设备监控系统进行报警并可联锁启动该区间通风设备,强制换气,保障工作人员和综合管廊内设施的安全。

(2) 在集水坑处设置液位开关,用于监测爆管,液位开关安装高度离地 30 cm,监测报警信号应传至监控中心。

(3) 采集和控制参量:各区段的温度、湿度、氧气浓度、毒气(H_2S、CH_4)浓度;各区段的集水坑水位;各区段的照明、通风、排水泵等机电设备状态;各出入口的防入侵报警状态;变配电室高低压配电设备状态及电量参数。

(4) 控制功能:根据需要或安防系统命令远程开关指定区域的照明设备;根据管廊内温度、湿度、氧气浓度、毒气(H_2S、CH_4)浓度等报警值自动启停通风设备;根据集水坑水位启停潜水泵。

(5) 在各分区动力照明配电箱、排风机配电箱、排水泵配电箱内设置 I/O 模块或总线式模块,PLC 通过工业总线控制风机、排水泵、照明设备的运行,风机、排水泵、照明设备等采用就地、远程两种控制模式。就地模式用于现场调试、维护及检修;远程模式用于现场控制站(PLC)及监控中心的设备监控工作站,实现集中自动控制,在设备就地控制箱上设有就地和远程控制转换开关,实现上述控制方式的转换。

(6) 热力舱室顶部设置一根感温光纤,实时检测舱室内温度且上传至监控平台,用于检测管道是否泄漏且定位出现故障时泄漏位置。

2. 安防监控子系统

(1) 在综合管廊内组合口、人员出入口、管廊交叉处等场所设置摄像机;综合管廊内沿线每个防火分区两头防火门处各设置一台枪式摄像头。

(2) 综合管廊人员出入口、井盖及通风口处设置入侵报警探测装置及声光报警器。

(3) 当探测到管廊有人员非法进入时,立即发出报警信号,并激活相关位置的摄像头进行视频监视。设于综合管廊监控中心的安防工作站上自动弹出该处视频画面,自动报警并进行视频录像。入侵探测器采用红外微波双鉴探测器;视频前端设备为红外网络摄像机。入侵探测器报警点接入就近监控系统现场测控站 PLC;数字视频/控制信号也经监控系统主干网传输。

(4) 在综合管廊的每个出入口均设置门禁读卡器(或盖板电子锁),读卡出入,对进、出实施控制与管理。对强行闯入具有报警功能,系统独立组网运行,并具有与入侵报警系统、火灾自动报警系统、视频安防监控系统、巡查管理系统等集成和联动的功能;在消防情况下,门禁系统与火灾报警及联动控制系统联动,自动释放出入口控制系统,出入口在控制系统释放后能随时开启,满足紧急逃生时人员疏散要求。供电电源断电时,系统闭锁装置应满足管理要求。

(5) 综合管廊设置电子巡查管理系统,采用在线式或离线式,在每个防火分区的出入口、阀门及电缆接头处设置电子巡查打卡器。

3. 通信系统

(1) 光纤电话:管廊内组合口设置一台光纤电话主机,在每个监控单元送、排风口之间设置电话副机,两台副机之间的距离不大于 100 m。管廊内的光纤电话通过光纤环网与监控中心主机实现通信。管廊内电话副机通过电话电缆与所在监控单元光纤电话主机连接。

(2) 无线对讲系统:无线对讲系统的无线控制器、工作站设置于监控中心。管廊内每个防火分区每约 100 m 配置一台无线接入点(AP)(配定向天线),设备间设置一台 AP(配定向天线),手持设备 VoIP 手机根据运维人员数来定。光纤环网利用既有监控环网。各 AP 通过网络接入分区 ACU(区域控制单元)内交换机。

4. 预警与报警系统

(1) 线型光纤感温火灾检测系统:综合管廊电力舱内设置具有实时温度检测功能的线型光纤感温火灾探测系统,其为线型差定温火灾探测系统。在管廊电力舱顶通长安装线型光纤感温火灾探测器,光缆悬吊安装在管廊顶部,距离顶部 75～150 mm,以保证良好的通风与快速响应时间。沿管廊顶部每隔 1.5 m 安装一 Z 型支架将探测光缆固定在支架上,利用光纤的敏感性来探测光纤所在位置的温度,进行温度信息的位置定位。在电力舱各层 10 kV 电力电缆层上 S 形接触式安装感温光纤,监测各电力电缆温度;在 66 kV 电压等级及以上电缆采用每相电缆直线型敷设感温光纤,监测各电力电缆温度。线型光纤感温主机用图形显示即时温度状态,可读出火灾或不正常温度。当管廊内的不正常温度超过一定值,即向火灾报警控制器发出火灾报警信号。

(2) 电气火灾监控系统:在低压配电柜的每个出线馈线回路设置剩余电流及测温探测器,剩余电流报警值设为 300 mA,普通回路自动切断供电电源;消防回路只报警,不自动切断供电电源。

(3) 消防电话:消防专业电话与固定式电话合用,采用独立通信系统和线路;在管廊设备间内设置电话分机;在监控中心及分控室设有用于火灾报警的外线电话。

(4) 超细干粉灭火控制系统:电力舱设置超细干粉灭火装置,沿管廊均布超细干粉灭火设备,在电缆接头处应设置超细干粉自动灭火装置正对电缆接头。在电力舱防火分区内设置总线式超细干粉灭火控制器,防护区外设置超细干粉喷洒的声光警报器、喷洒指示灯及手动/自动转换装置及紧急启停按钮。超细干粉灭火控制器与火灾报警控制器用总线通信,将各状态信号反馈至火灾报警控制器,并接收其控制信号;超细干粉灭火控制器通过总线控制防护区内外设备及超细干粉灭火装置。

(5) 防火门监控系统:在电力舱每个防火门设置防火门监控模块,监控防火门状态。防火门监控主机通过现有专用光纤环网与各火灾报警控制器通信。

(6) 燃气报警系统:在燃气舱各防火区间逃生口安装天然气报警控制器,舱内每隔 15 m 设置一台具有地址编码的天然气探测器,监测舱内天然气浓度。当天然气舱内泄漏的天然气浓度达到爆炸下限值的 20%时,通过可燃气体报警控制器启动防火分区声光报警器,并应有可燃气体报警控制器联动天然气舱事故段防火分区及其相邻防火分区的事故通风设备;当泄漏的天然气浓度达到爆炸下限值的 25%,报警持续 1 min 后,通过火灾报警控制器联动控制燃气管道上相应区域的紧急自动切断阀切断燃气回路。

(六) 排水系统

引起管廊内积水的来源可能有以下几种:① 供水管道接口的渗漏水;② 供水管道事故漏水和检修放空水;③ 管廊内冲洗排水;④ 管廊结构缝处渗漏水;⑤ 管廊开口处进水;⑥ 消防排水。

考虑到管廊内爆管、消防后都可以通过外部协助进行排水,因此,设计排水规模时主要考虑排除冲洗排水及其他渗漏水。

依据周边地区现有排水设施，综合管廊内积水不能自排，故在管廊每个防火分区内至少布置一个集水井，管廊内积水通过边沟流往集水井。为保证使用安全，燃气舱采用独立的排水收集系统。管廊集水井的集水采用潜水排污泵排入市政道路排水系统中。

（七）标识系统

综合管廊内收容的管线较多，按照每隔一定距离或颜色区分在管道上做标识。综合管廊内部的控制设备、附属设施需设置标识牌。附属设施如防火墙、管线出舱口、逃生通道、逃生口、进排风口、吊装口分别设置带编号的标识牌。灭火设备设置带编号的标识牌；综合管廊内每隔 20 m 设置一处警示标识。在交叉口和连接通道前设置方向标识牌；综合管廊内的各专业管线每隔 100 m 设置一处管线标识牌；变配电室前设置管廊介绍牌；综合管廊变配电室、连接通道、逃生通道处设置“禁止吸烟”标识牌。综合管廊内配电控制箱、配电间设置“有电危险”和“禁止触摸”标识牌；防火门两侧设置“注意脚下”标识牌，楼梯护栏处设置“当心坠落”标识牌，楼梯旁设置“注意碰头”标识牌，台阶上下处设置“小心台阶”标识。

五、监控中心

（一）监控中心概述

综合管廊监控中心由总监控系统、分中心监控系统、管廊监控系统组成一套完整系统。一个城市可设多个区域监控分中心、一个总的综合监控中心。三级监控管理架构图如图 3-10 所示。

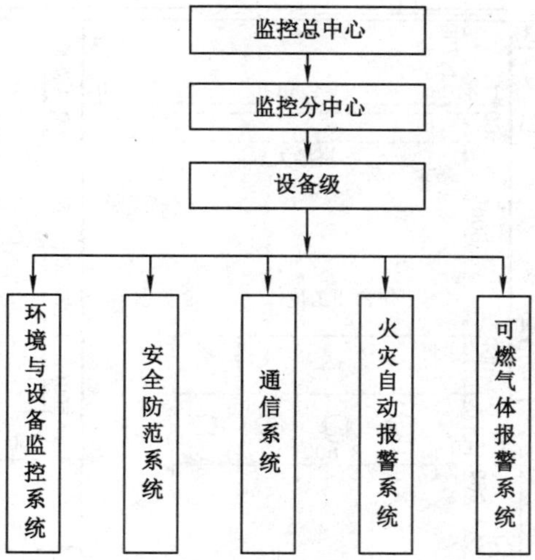

图 3-10　三级监控管理架构图

监控中心负责采集综合管廊内各系统的现场设备运行数据，依据采集的数据进行分析、处理并制定监控方案，下发控制指令和信息给相应的现场设备。监控中心包括：计算机网络系统、IP 路由干线以太网交换机、综合控制台、监控显示屏、视频监视系统、通信系统、火灾报警控制系统、入侵报警系统、通风控制系统、照明控制系统、配电系统及其他辅助控制设施。

（二）监控中心功能

监控中心接入所有前端设备，是监控报警与运维管理系统的业务处理、数据处理和监控指挥中心，掌管其他各系统的工作，并协调各系统之间的联系。各系统通过中心控制系统进行信息交换、统计、汇总、显示及打印，提供现场信息并提取信息，通过分析且进行决策，提供人机接口、供管理人员手动控制等功能，以确保综合管廊的智能、安全及绿色运行。

监控中心主要完成如下功能：

（1）掌握综合管廊的现场设备运行情况，对异常情况报警及发出控制指令。

（2）定时采集现场设备传送的各种数据。

（3）存贮运行情况等数据，根据要求对各种数据进行统计、分析、处理、打印各种报表，并向远程终端控制器发布指令。

（4）对系统和设备自身进行自动检测，当出现故障时发出报警。

（5）通过设在综合管廊现场的摄像机，监视并记录内部环境的各种情况。

（6）接收并处理由通信电话系统传送的信息。

（7）根据管廊内环境监测的数据和不可预见的各种情况的需要，及时启动通风、排水及照明系统。

（三）监控中心组成

1. 监控中心整体布局

如图 3-11 所示为管廊监控中心的方案平面图，主要由管理计算机、服务器、网络设备（工业路由器、工业交换机）、UPS 电源及监控屏幕等设备组成。

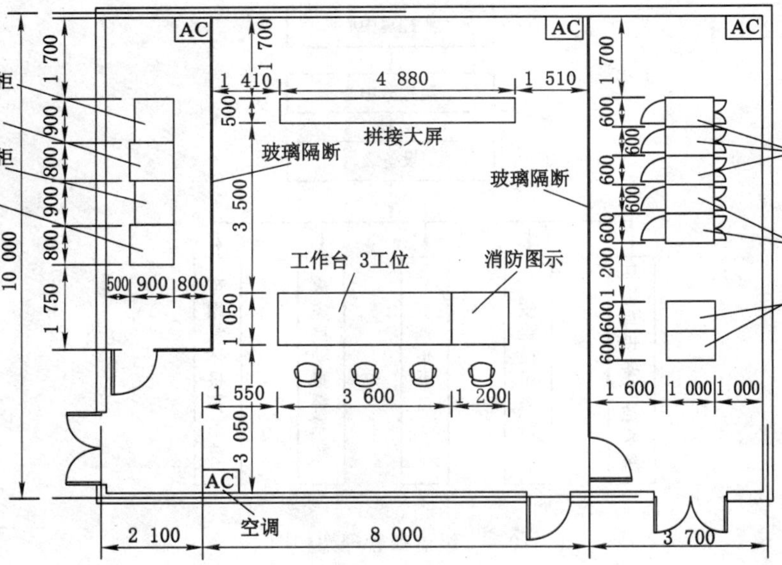

图 3-11 监控中心布置方案平面图

监控中心是整个项目的硬件支撑和业务运行平台，满足业务应用的运行要求，并承担系统安全、稳定、高速、扩展的重任。系统建设可包含以下子系统：服务器子系统、存储子系统、网络传输子系统、大屏幕显示子系统和机房配套子系统。

2. 服务器子系统

服务器子系统是整个系统的运行和计算中心，也是业务应用的载体，其稳定性和可靠性决定整个系统平台是否能够稳定、快速地运行。服务器系统包含数据服务器、管理服务器及应用服务器。

3. 存储子系统

存储子系统遵循安全性、扩展性、可用性等原则，建设成为存取速度快、存储容量大的高性能存储系统，在能够满足目前的应用需求前提下，还能为将来发展存储预留扩展空间，分数据存储和视频存储两类。

4. 网络传输子系统

用分层、功能分区的模块化设计思想，建设现场传输层网络、互联网接入，系统具备千兆汇聚、千兆到桌面的接入能力，网络设计的带宽根据具体业务数据流量进行设计；提供多运营商专线网络接入能力，实现监控中心与其他政务部门、管线权属相关单位的网络互连和数据转发；网络安全通过配置防火墙，实现保障监控中心网络安全。

5. 大屏幕显示子系统

采用物理拼接，首先把影像信号经过数字处理，然后再把光投影出来，具有精确的灰度等级、无缝图像显示、最小信号噪声、高效的反射率、高可靠性等优势。

屏幕显示系统由设备电源、拼接单元组合墙体、多屏图形控制器、矩阵设备、接口设备及传输线缆、大屏幕显示系统控制软件等组成。

六、管廊建设展望

（一）综合管廊优势

在国家连年的政策激励下，近两年各省的管廊建设可以说已经进入一个飞跃性的时代。从之前的试点型小范围管廊建设，到现在的全国范围的建设，可以说管廊的第一个大时代已经来临。一方面随着城镇化水平的提高，土地资源越来越稀有，如何充分利用地下空间是必需且有效的一条途径；另一方面，随着人民生活水平的提高，大家对城镇基础设施的要求也越来越高，地下管道集中化、专业化、科技化是必然的。总的来说，我国的综合管廊大部分还处在建设阶段，仍处在政府大力推进的时代，还没有成熟运营，没有形成行业化。

（二）PPP（政府和社会资本合作）模式在综合管廊中的应用

随着管廊建设的推进，为帮助管廊建设资金的回收，为保证社会资本有合理回报，形成可持续发展，吸引更多的民间资本，2015 年 11 月 26 日，国家发展改革委、住房和城乡建设部发布了《关于城市地下综合管廊实行有偿使用制度的指导意见》（发改价格〔2015〕2754 号）。此项规定能够促使市场在资源配置中起决定性作用，更好协调政府、企业和管道单位的利益关系，为 PPP 模式在管廊项目中的使用提供有利条件。从国家近几年的政策动向和管廊投资管理现状可以看到，PPP 模式目前是我国现阶段管廊建设的主要模式，对我国管廊工程的发展起到很大的推进作用。

（三）大数据技术在综合管廊中的应用

综合管廊为地下密闭空间，甲烷、硫化氢等气体到一定限值时，将会威胁管廊内的人员的人身安全。由于管廊为狭长形状，探测器布置点数众多且分散，基于物联网技术环境与设备监控系统，利用温湿度传感器、氧气探测器、硫化氢探测器、甲烷探测器等对其内部环境进行监测，并且上传至统一管理平台，产生海量非结构化数据。针对非结构化数据，如何有效利用，迫切需要大数据技术，高效地获取各种数据所蕴含的管廊监测信息，实现智慧管廊监测分析与决策，对提高管廊运维水平具有重要的意义。

第二节　基于“智慧线”的综合管廊安防通信一体化系统

一、概述

根据《城市综合管廊工程技术规范》(GB 50838—2015)和《城镇综合管廊监控与报警系统工程技术标准》(GB/T 51274—2017)的规定，综合管廊安全防范系统包含入侵报警系统、出入口控制系统、电子巡查系统、人员定位系统、无线通信系统等传统系统。为了响应国家智慧城市建设的号召，智慧管廊建设也加快了步伐，急需新技术代替传统技术，安防通信一体化系统应运而生，为智慧管廊的建设增添了一道亮丽的光环。

基于智慧线的城市综合管廊安防通信一体化系统(以下简称智慧线系统)，是在上述成功应用经验的基础上，采用物联网、大数据等新一代信息技术，适合综合管廊行业应用的智能化系统。该系统可以为用户提供物联网 2 Mb/s＋无线 Wi-Fi 300 Mb/s 物联网融合通信、全廊道入侵探测及定位、人员精确定位、在线式电子巡查、无线语音通信等服务，实现多系统的深度融合，并具有丰富的功能拓展空间，是智慧管廊的重要组成部分。

二、系统组成

城市综合管廊安防通信一体化系统，核心产品为智慧线和综合控制器，综合控制器安装于城市综合管廊的 2 个防火分区之间(设备间内)，连接 2 根智慧线，分别覆盖 2 个防火分区，形成 2 Mb/s 的工业物联网无线通信平台；综合控制器可接出 2 台智慧 AP，对 2 个防火分区进行 300 Mb/s 宽带覆盖；对于设备间等特殊位置，由于防火门等装置的隔离，会影响其信号的覆盖，且这些位置还有“入侵检测”的需求，在这些位置，利用扩展基站实现上述场所的无线覆盖和安全防护。

综合控制器通过光纤环网将数据传输至综合管廊监控中心。

综合管廊监控中心的服务器对综合控制器采集到的无线通信数据进行存储、分析；工作站、打印机用于对具体应用进行显示、查询、应用、打印等；数字语音网关通过 E1 口与程控交换机相连，进而实现城市综合管廊语音通信系统与公共电话交换网络(PSTN)的连接。AC(无线控制器)经过授权，可支持 AP 管理服务，用于统一管理智慧 AP。

三、系统架构

安防通信一体化管理系统由管廊内采集探测层、传输层和监控管理层组成。城市综合管廊安防通信一体化系统架构示意图如图 3-12 所示。

管理层：包括安防通信一体化系统和监控显示终端，包括网络控制软件服务器、多媒体服务器(SIP)和无线控制器(AC)。软件服务器负责探测系统告警处理、定位管理、区域管理、巡检管理、视频联动、设备管理、参数配置、负责入侵信号分析、定位数据计算、语音数据漫游等功能。监控显示终端提供人机交互入口。SIP 负责语音呼叫、连接、转发、挂断等语

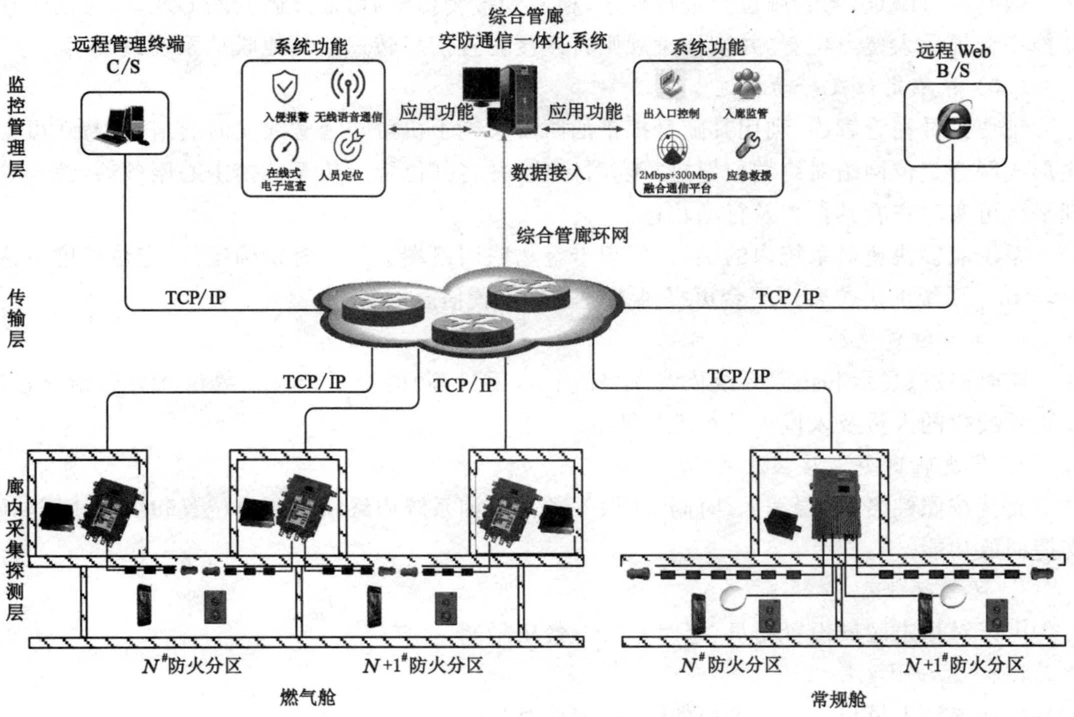

图 3-12　城市综合管廊安防通信一体化系统架构示意图

音功能。AC 负责 Wi-Fi 无线接入子网管理。

传输层：采集层获取到的数据可通过综合管廊环网中的安防系统专网，上传到监控中心。

廊内采集探测层：包括综合控制器(CC)和综合控制器(防爆)(CC)，智慧线无线子网接入和 Wi-Fi 无线子网接入，带有通信模块的防爆智能手机、标识卡。CC 负责设备供电、有线数据传输和协议转换等功能，综合控制器在常规仓使用，支持接入智慧 AP、智慧线和扩展基站。综合控制器(防爆)在燃气仓使用，支持接入智慧线和扩展基站。智慧线无线子网包括智慧线基站、扩展基站和末端器，负责建立微波阵列，采集入侵传感和定位原始数据，语音数据转发。Wi-Fi 无线子网由智慧 AP 组成，负责 Wi-Fi 设备接入和数据传输。带有通信模块的智能手机可实现定位和语音通信。标识卡可实现定位。

四、系统功能

(一) 入侵报警及定位

在管廊全线、管线分支口等区域，安装用于入侵探测定位的智慧线，利用其形成的微波通信阵列，实现管廊全线的入侵探测及定位。

智慧线中的微基站密集排列，在管廊各舱室沿线构成全空间、均匀分布的自适应微波阵列。非法人员进入综合管廊时，对微波阵列的无线信号造成阻挡、吸收、反射等干扰，系统通过对扰动进行分析从而判别入侵行为并报警，可实现多点入侵及并行报警，定位精度最高可达 2 m。

微基站可编址，与管廊位置进行对应，检测到报警信息后，通过微基站的地址，可同时在监控平台提示入侵点位置，并按预设规则将入侵位置信息转发给其他联动系统。

（二）精确定位及行动轨迹

工作人员在管廊内，利用其随身携带的防爆智能手机可与智慧线实时通信，智慧线可自主形成联合定位网络对终端位置进行实时定位，并将其位置上传至监控中心服务器，综合管理平台可实时查看其位置及行动轨迹。

系统能够快速对系统内的手机、标识卡等物联网终端进行实时精确定位，定位精度可达2～5 m。系统的定位管理平台可提供多种基于位置信息的服务：

1. 实时位置监控

实时追踪、显示和记录系统内终端（标识卡、手机等）的位置、身份、数量和分布情况，以及正常授权的人员及入侵人员行动轨迹。

2. 历史轨迹查询及回放

支持按照姓名、终端编号、时间、区域等条件查询系统内终端的历史位置和活动轨迹，并支持回放功能。

3. 区域管理

可以对指定区域设置超员、超时、禁入/禁出限制。

4. 考勤统计

自动统计人员出入工作区域的时间、工作时长等信息。

5. 异常事件告警

包括超员告警、超时告警、区域告警、设备告警等。

（三）在线式电子巡查

传统的离线巡检，只在综合管廊下列常规场所设置巡检点：综合管廊人员出入口、逃生口、吊装口、进风口、排风口；综合管廊附属设备安装处；管道上阀门安装处；电力电缆接头区。而通过设置智慧线内部对应微基站为巡检点，可以在管廊内的任何有需要巡检的区域进行巡检点设置，且随时可以增添及撤销巡检点，方便工作人员对突发事件的处理。工作人员可以灵活规划巡检工作路线，利用随身携带的巡检终端完成巡查工作。

监控室内的工作人员具有设置、更改巡查路线的功能。系统对巡查人员的巡查区域、巡查路线、停留时间等进行规划、记录、提醒、报警等。当巡查人员未按路线行进、停留时间过长或未作停留等情况发生时，可发出报警提示。地面工作人员可通过无线语音通信系统对工作人员进行相应的指导和管理。当巡检人员在巡检过程中发现设备故障或安全隐患，可以通过终端App以文字、语音、图片、视频等多种形式将现场情况实时上传汇报，为管理人员决策提供详尽现场信息。手机App在线巡检界面如图3-13所示。

（四）语音通信及调度

智能手机就近接入到智慧线，通过专用信道实现全双工的语音通信，保证通信质量，同时不占用数据业务带宽。系统采用多点服务的移动性管理策略，实现手机的全网无缝漫游，形成语音通信“专网”。系统可对智能手机实现精确定位，精度2～5 m。

系统具有完善的调度管理功能，监控平台可以实时显示通话状态，并具有选呼、组呼等调度通信功能，支持文本信息收发等数据通信功能，支持强插、强拆、监听、转接、群发短信、语音会议等丰富的管理业务（图3-14）。

图 3-13　手机 App 在线巡检功能

系统通过语音网关与公用电话交换网络(PSTN)连接,实现网内网外的互联互通。

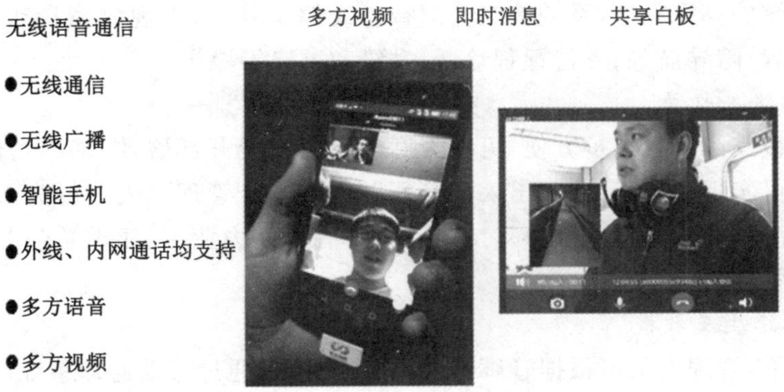

图 3-14　廊内廊外融合通信功能

（五）无线宽带技术

系统采用 Nu-Wi-Fi 通信技术,其宽带采用物联网承载无线传感数据、无线视频接入与传输业务,可以有效利用资源,优势互补,使网络既具备物联网海量终端接入能力,又保证 Wi-Fi 带宽高的优点;提供大容量的物联网终端接入及 300 Mb/s 无线宽带数据传输。

Nu-Wi-Fi 对现有标准的 802.11 协议中关于无线终端接入认证的流程和协议进行了改进,提升无线终端设备接入系统的安全性,防止钓鱼攻击及非法用户的接入。同时在用户终端提供专用 App 程序,防止信息泄露并提供追溯功能。

采用私有协议通道进行安全认证,入侵者无法制作出伪基站,且接入秘钥是由系统动态分配的,用户不会参与接入网络过程中的任何操作,只有手机上插入 OTG 模块且配有对应 App 之后,才可以接入网络中,就像现在 4G 公网一样,插入手机卡才能接入网络,可有效避免人为因素泄露秘钥,同时秘钥进行私有协议加密,就算空口捕获到信息也无法解出秘钥。

（六）智能出入口控制管理

管廊人员出入口设置出入口控制装置,出入口控制装置状态信号通过 ACU(区域控制单元)柜内以太网交换机送至监控中心安防工作站。

安防通信一体化系统可实现与传统门禁的SDK(软件开发工具包)接口的对接,实现门禁读卡器与标识卡、手机通信的授权权限,使之进行有效关联,进行统一管理,实现远程控制功能。

当工作人员进出管廊时,设置在管廊入口处的门禁系统将对工作人员身份进行识别,系统同时对该工作人员携带的标识卡进行核对,当系统确认该人员是管廊的工作管理人员,其携带是本人的巡检卡,且在相应时间段内确有"授权允许"的工作任务,打开防火门或电子井盖,放行;上述任一条件不满足,入口防火门或电子井盖不开,并发出报警。

管廊沿线井盖的安全监测系统,井盖的传感器通过无线方式与智慧线进行通信,实时上报状态(封闭、正常打开、异常打开),一旦有异常入侵开启井盖现象将在第一时间进行报警和定位。

通过该系统,可极大程度地保证入廊工作人员的唯一准确性,保证管理工作的有效展开,为管廊安全提供最大的保障。

(七) 自监控功能

为保证系统的高可靠性,系统实时监测智慧线健康状态,出现故障自动报警,并可提供故障定位、排除故障导航等;支持远程诊断、升级和重启等操作。

(八) 入廊施工监管

由于系统极其简洁且维护方便,可在管廊封顶后即展开部署,在基础功能上开发的"入廊监管系统",可实现"入廊管理""出入口管理""人员安全管理""人员行为管理""人员分布管控""入侵检测""无线通信""应急支持"等功能,有效助力业主、建设总包对施工现场的安全管理和资产管理。

(九) 应急逃生及救援

紧急情况下,管理人员可根据管廊内人员分布情况,通过移动通信系统、无线广播系统、精确定位终端等指导管廊内人员沿安全路径进行逃生。同时指导救援人员快速定位事发区域和被困人员,实现应急救援的统一调度和指挥。

(十) 物联网融合通信平台

系统集可靠通信、物联网接入、宽带无线接入系统于一体,综合控制器可同时提供无线宽带和智慧线接入功能,为终端提供智慧线2 Mb/s和无线宽带Wi-Fi 300 Mb/s两种无线接入方式,并通过上层服务器的数据存贮和大数据处理,集成多种应用平台,为终端提供定位、语音、视频、通信、调度、数据、通信等丰富的应用业务。

(十一) 手机App功能

移动端App用于在管廊内部实现自我定位、融合通信、巡检管理、维护作业、安全隐患采集与上报、管廊快照、信息查询、设备远程操作、工单管理等功能。

管理层领导可随时随地通过手机掌握管廊内人员的工作情况和设备运行情况。

(十二) 其他拓展和应用

系统在满足以上功能的基础上,还有相关功能拓展空间,如下:

(1) 广播系统:通过集成开发,广播终端可与入侵探测系统联动,也可播放音乐、广播等,为日常管理服务;广播可具备群呼、组呼等功能。

(2) 移动视频传输:以无线宽带为基础,可实现特殊位置、紧急情况下的无线视频传输,同视频监控系统一起,构成城市综合管廊的"无死角"视频管理。

(3) 系统联动和融合：通过该物联网平台，在实现上述功能的基础上，系统可与环境监测系统、通风系统、供电系统、照明系统、排水系统进行联动，提高城市综合管廊的"数字化"管理水平，实现"智慧管廊"。

(十三) 综合管理系统

综合管理系统主要以网络控制器软件平台输出的精确定位、入侵检测、电子巡查、物联网传感等数据为基础，对数据再次加工，将其转换为满足最终客户需要的业务数据，并对这些数据进行图形化展示和为用户提供标准的二次开发接口功能。

1. 日常运维流程化管理

可以进行单位管理、组织管理、入廊申请管理、终端管理、卡分配与回收等日常运维工作，确保综合管廊日常运维的规范化、标准化。

2. 在线巡检和数据上传

实现对管廊内现场巡检快照的管理，支持在线巡检，地面监控管理人员可对廊内各关键区域的情况进行随时了解和快捷检索。支持 App 快照拍摄与上传、快照 GIS(地理信息系统)呈现。

3. 多维度数据统计分析

对历史人员定位信息、告警事件、通话数据流量、入侵数据、设备运行等基础信息进行统计分析，帮助用户发现定位、告警、通话、设备等数据的运行态势和规律，辅助运维管理决策。

4. 无线语音通信

语音通信子系统完成基于物联网协议的语音通话功能向基于 SIP(会话初始化协议)的语音通话功能的转换工作，主要包括信令的转换和话音数据格式的转换，以及短消息的转发，同时该模块代理网内所有在线终端向 SIP 服务器进行注册并维护注册状态，支持强插、强拆、监听、禁话、创建广播、代答、转接、语音会议、群发信息等功能。

五、与传统方案系统功能对比

综合管廊安全防范系统包含入侵报警系统、视频监控系统、出入口控制系统、电子巡查系统、人员定位系统等，通信系统包含固定语音通信系统和无线通信系统等。智慧线系统除以上的视频监控系统和固定语音通信系统外，其余均能满足规范标准，且通过与环境与监控系统和视频监控系统进行联动、与固定电话形成专网、与消防系统联动进行应急、与政府和管线单位的信息交互，在管廊"智慧化"建设、安全高效运维方面，可发挥极大作用。

(一) 基本功能对比

基于智慧线的安防通信一体化系统可以实现规范中要求的入侵报警、电子巡查、人员定位、无线通信等功能，功能远远优于标准要求。

它与传统技术方案在功能实现方式、功能特点方面的比较，详见表 3-1。

表 3-1　基于智慧线的安防通信一体化系统与传统方案的比较

序号	系统名称	传统方案	智慧线方案
1	入侵报警系统	在人孔及出入口等处设置双鉴红外探测器装置，不论是谁，"通过"即报警，监控人员以视频图像来区分敌我	采用智慧线实现全管廊空间内的无线信号覆盖，入侵者不论从何处进入、不论身处管廊内何处，都可实时探测其位置(定位精度 2～5 m)，并与视频联动

表 3-1(续)

序号	系统名称	传统方案	智慧线方案
2	电子巡查系统	离线式:离线打点记录到过的位置,监控中心再还原其行动路线;纸笔记录,到办公室再整理	在线式:利用智慧线网络实现,巡查人员通过手机自动下载并进行巡检路线导航;可通过 App 实时以文字、图片、语音、视频上报;监控中心实时能看到其位置;可查询和回放历史数据
3	无线语音通信	无线对讲通信;半双工通信;一呼百应	手机通信,话务台管理,可接入公网;具备群呼、组呼、监听、录音、电话会议、短信等功能;所有通话可记录、录音等
4	人员定位系统	电子标签定位、区域定位	工作人员带手机、标识卡即可实时定位,精度 2 m;并可回放行动轨迹;考勤管理
5	出入口控制系统	传统门禁,打卡进入管廊	身份识别＋语音通话验证,远程开门,避免卡遗失带来的安全隐患;可限定工作时间、工作区域,超时跨区报警

(二) 扩展应用对比

系统还可以实现视频联动、出入口管控、物联网融合通信等功能,未来该系统在移动视频传输、应急逃生及救援、系统联动等多业务拓展和融合上具有丰富空间。

(三) 生命周期对比

基于智慧线的安防通信一体化系统可以从"管廊封顶"开始,为管廊的"全生命周期"的建设、运维服务:

1. 入廊施工监管

由于系统极其简洁且维护方便,可在管廊封顶后即展开部署,在智慧线自身功能的基础上开发的"入廊监管系统",可实现"入廊管理""出入口管理""人员安全管理""人员行为管理""人员分布管控""入侵检测""无线通信""应急支持"等功能,有效助力业主、建设总包对施工现场的安全管理和资产管理。

2. 提高运维管理效率

在管廊监控与报警系统的其他系统建设的同时,该系统可以直接接入,成为管廊监控与报警系统的一部分,在运营管理中发挥作用。

系统设备经过防爆、高低温、电磁辐射、阻燃、抗冲击、抗拉伸等多种测试验证,完全满足综合管廊的复杂应用环境。

系统具备自检功能,后台实时监测线缆、综合分站等设备的运行状态,出现故障及时报警;支持远程诊断、升级和重启等操作。

智慧线出现故障,可利用快速连接器快速排障,维修人员不需要具备通信设备相关的专业知识和技能。

3. 助力管廊安全管理

智慧线系统可以实现全空间、全地形、全气候的入侵探测,具有报警准、定位准的优点,可以大大提高管廊的安全管理水平,对非法人员入侵、巡检人员违规等做到严格监管。

4. 应急救援

当管廊发生危险事故,救援人员可以使用系统进行应急通信,并根据精准的人员定位数据，进行抢险救援和应急疏散。

六、关键设备技术参数

（一）智慧线

智慧线将射频单元、基带处理单元、天线系统及传输线、电源线等全部汇集到线缆内，无外置天线。通信终端通过无线空中接口接入智慧线中，实现语音、数据、定位的业务，同时智慧线上的射频单元之间互相通信，组成微波防护阵列，实现防入侵业务。智慧线常规型技术要求如下：

工作电压：DC 18～32 V。

工作电流：≤1 800 mA。

功耗：≤150 W/km。

供电接续距离：最长 300 m。

无线频率：2.394～2.505 GHz。

射频发射功率：－28～18 dBm，可调。

防护等级：IP65。

（二）综合控制器

综合控制器提供物联网通信平台接入功能，提供 2 Mb/s 的稳定、全覆盖的低功耗物联网数据传输通道，提供双向语音通信，提供 2～5 m 精度的精确定位功能，提供防入侵微波阵列信息的收集功能。

综合控制器分为常规型和防爆型，技术要求如下：

电压范围：AC 85～265 V，47～63 Hz。

整机最大功耗：20 W。

满载最大功耗：450 W。

防护等级：IP65。

（三）扩展基站

扩展基站是智慧线的补充设备，主要应用在设备间、通风口、下料口等特殊区域，提供物联网通信平台接入功能，提供 2 Mb/s 的稳定、全覆盖的低功耗物联网数据传输通道，提供双向语音通信，提供 2～5 m 精度的精确定位功能，提供防入侵信息的收集功能。

扩展基站分为常规型和防爆型，技术要求如下：

电压范围：DC 18～32 V。

最大发射功率：22 dBm。

无线频率：2.394～2.505 GHz。

最大功耗：0.5 W。

防护等级：IP65。

支持入侵探测、定位、物联网通信功能。

（四）智慧 AP

5G Wi-Fi，用于在常规舱之内做 Wi-Fi 覆盖，用于高速数据的传输，最大传输距离 200 m。每个常规舱综合控制器配套 2 个智慧 AP。

七、智慧线系统在综合管廊工程项目中应用案例

北京通州行政副中心综合管廊项目、北京延庆世园会综合管廊项目、冬奥会场馆综合管廊项目、北京昌平未来科学城综合管廊项目、天津中新生态城综合管廊项目、南宁佛子岭综合管廊项目等。

第三节 基于GIS+BIM的城市地下综合管廊运维管理平台

综合管廊建设期投资费用昂贵，建成之后是承担城市电力、通信、热力、燃气、给水、污水等管线走廊，可见后期的运维是重中之重。目前综合管廊运维管理，由于依靠环境与设备监控、安全防范、通信、预警与报警系统等多个不同功能的系统，系统涉及设备众多，设备的厂家也较多，通信协议及控制方式较复杂。由于在数据交换中没有统一标准，因此造成接口众多、访问性差，容易形成一个个“信息孤岛”。主要体现在各系统单独运行，功能单一系统使用、扩展及维护复杂；各系统主要采用人工管理模式，运营管理成本高；出现紧急事故时不能及时联动处理；各系统监控数据类别不一。因此，有必要建设一套标准化的、统一化的基于GIS和BIM的运营管理平台，服务于综合管廊规划、建设及运维的全生命周期。

一、GIS与BIM简介

（一）GIS技术

GIS为地理信息系统（geographic information system）的英文简称，是一种特定的十分重要的空间信息系统，它基于计算机硬件及软件系统，对部分或整个地球表面空间中有关地理分布数据进行采集、存储、处理、分析和显示。GIS具有以下特点：

（1）具有公共的地理定位基础。

（2）具有采集、管理、分析和输出多种地理空间信息的能力。

（3）系统以分析模型驱动，具有极强的空间综合分析和动态预测能力，并能产生高层次的地理信息。

（4）以地理研究和地理决策为目的，是一个人机交互式的空间决策支持系统。

近些年GIS技术在空间分析技术中迅速发展起来，在环境与资料应用领域中发挥着技术先导的作用。它也是一门综合性的技术，它的发展与地理学、地图学、遥感技术、统计科学和数学科学、信息技术等学科的发展是密切相关的。GIS技术朝着专业或大型化、社会化方向不断发展，通过网络实现从数据乃至系统之间的完全共享和互动。

基于GIS的综合管廊运维统一管理平台为管廊的全生命周期管理提供强有力的技术支撑。GIS基于“一张图”模式展示综合管廊及其内部各专业管线基础数据资料、图档管理、数据离线维护、管线拓扑、基础数据共享、维修与改造管理等功能信息，具有统一坐标系，为运维人员提供准确的地理信息，确保信息统一可视性，且在应急救援时提供有效的安全分析。

由于GIS的整体功能作用，针对综合管廊的空间信息，如投料口、进风口、排风口、逃生口、出线口及特殊节点等地理位置，管廊走向，机电设备、监控设备等各专业相关设备的地理位置分布、数量、类型等，均可被掌握，监控各设备的安全运行状态，有效管理带有地理信息的复杂数据，为综合管廊运营维护的辅助决策提供具有空间信息功能的依据。

（二）BIM 技术

BIM(building information modeling)即建筑信息模型，它是以工程类项目的各项信息数据为基础，借助三维数字化模型将工程项目的构件要素、外在几何特性等信息集合，形成各方参与者协同作业、高效工作的共享平台。BIM 技术的核心是构建标准化的工程项目的数字化信息模型，实现了工程项目的量化分析和可视化，极大地推动了工程行业的数字化进程。

(1) 碰撞检查，减少返工。BIM 最直观的特点在于三维可视化，利用 BIM 的三维技术在前期可以进行碰撞检查，优化工程设计，减少在建筑施工阶段可能存在的错误损失和返工的可能性，而且优化净空和管线排布方案。施工人员可以利用碰撞优化后的三维管线方案进行施工交底、施工模拟，提高施工质量，同时也提高了与业主沟通的能力。

(2) 虚拟施工，有效协同。三维可视化功能再加上时间维度，可以进行虚拟施工，随时随地直观快速地将施工计划与实际进展进行对比，同时进行有效协同，施工方、监理方甚至非工程行业出身的业主领导都能对工程项目的各种问题和情况了如指掌。这样通过 BIM 技术结合施工方案、施工模拟和现场视频监测，可大大减少建筑质量问题、安全问题，减少返工和整改。

(3) 三维渲染，宣传展示。三维渲染动画，给人以真实感和直接的视觉冲击。建好的 BIM 模型可以作为二次渲染开发的模型基础，大大提高了三维渲染效果的精度与效率，给业主更为直观的宣传介绍，提升中标率。

（三）GIS 技术与 BIM 技术结合

平台将 BIM 呈现的管廊属性赋予 GIS，在三维可视化环境中提供一种身临其境的立体感，进一步增强运维人员对综合管廊地理信息的认知能力，实现对综合管廊的智慧化管理，保证所提供的空间数据、空间信息服务的准确性。该模块解决基于空间位置的设施管理，通过对象一比一的复原，形成所见即所得的管理模式。整个系统可将所有地下综合管廊的节点定位在 GIS 地图准确地显示，同时三维 BIM 图形建立管廊三维模型（监测设备模型、视频管理模型、机电设备控制模型、运维管理模型、安全管理模型等），实现整个管廊系统的三维可视化管理，当发生报警或故障时可第一时间显示故障或报警段的地理位置信息和模型数据，并在系统中闪烁提醒，使运维人员能快速定位故障点并得知故障信息，方便设备及时抢修，从而保障整个管廊系统的正常运行。

二、系统总体设计

（一）系统设计概述

1. 设计思路

通过 GIS 平台与 BIM 管廊数据结合，将 BIM 管廊数据导入三维 GIS 平台中，导入后的综合管廊三维模型数据和其属性数据通过唯一 ID 进行关联，原有的相关属性信息被完好保存，同时所有的管线三维模型和设备三维模型都与现实中管廊管线和设备的模型一一对应关联。

2. 设计需求

综合管廊监控报警与运维管理系统的设计主要有运维管理、设备监控、安全防灾等需求。为预防事故发生，保证综合管廊安全、可靠地运行，建立综合管廊的智能化综合监控系统。综合监控系统设计思想结合成熟领先的一体化综合监控理念，并充分考虑了系统的先进性、实用性、可靠性、灵活性、可维护性、规范性、性价比及综合管廊现场的实际情况。

3. 设计目标

综合管廊监控报警与运维管理系统设计遵循“超前规划，适度预留，稳定可靠，易于扩展，功能分散，信息集中”的原则，结合国内目前成熟领先的一体化综合监控理念，运用计算机网络技术、智能控制技术、多媒体技术、管理开发技术，采用先进的信息采集与获取、信息传输与管理、信息展示与利用的设计理念，提供先进与科学的综合管理机制和联动控制机制，实现对综合管廊进行集中监控及对历史信息进行集中查询，以实现整个管廊监控系统的一体化综合集成、智能控制的目标。

综合监控系统将逐步从单管廊独立监控，经历多管廊独立监控、上下级联式监控，最终形成以云计算、云存储、物联网技术为核心的城市综合管廊云计算中心，打通数据孤岛，实现集中控制、资源共享。针对综合管廊监控系统的发展趋势，建立地下综合管廊运维统一管理平台。技术方案实现以下目标：

(1) 监控数据集中管理

基于专业全面的智慧市政体系架构设计，以网络为纽带，以云计算和物联网为基础，具备高度的开放性和扩展性，可实现对现场所有监控数据的集中管理；系统的应用软件按其功能和对象采用模块化设计，各功能模块相互独立，新增或修改应用软件模块不会影响其他应用软件和系统整体运行；综合监控软件兼容国际通用的技术协议（IEC61850、Modbus TCP等），具有高度开放性，既可兼容第三方厂家，方便业主根据需求后续添加新型监控设备，又可方便地与上层其他综合管理系统实现无缝对接。

(2) 监控界面友好真实

以管廊综合监控、组态管理和 360°全景管理系统为基础，在监控中心（工作站）大屏上可以非常真实地展示管廊的整体布置平面图、管廊内各设备的分布图、GIS 的地理坐标定位、360°全景真实图、仪表和设备监控的实时数据、仪表和设备的报警状态及提醒标识等，使用户直观感受监控现场真实情况。

(3) 现场设备联动控制

当现场出现异常状况时，自动联动管廊内辅助设备，实现智能化控制。如，根据国标 GB 50838—2015 的要求，当某分区温度过高（高于 40 ℃）或湿度过高（高于 90%）时，自动启动该分区的通风机，强制换气；当某区域出现入侵报警时，综合监控系统会自动打开相关区域的照明，并将监控平台中的视频显示画面切换到相应区域进行核实。

4. 设置原则

地下综合管廊运维统一管理平台应本着确保综合管廊安全、可靠地运行，秉持技术先进性、架构合理性、安全稳定性、统一性、可扩展性等原则，构建适合于综合管廊目前和未来发展需要的管理信息平台架构，保证其体系架构和应用框架能构建在具有远期发展规划的应用平台基础上。系统各项建设原则具体要求如下：

(1) 技术先进性原则

先进性原则要求技术领先、服务领先、理念领先，整个系统的软硬件设备的配置均符合高新技术的潮流，使综合管廊监控与报警系统达到实时监控、快速响应、科学决策、动态指挥的目的。

(2) 架构合理性原则

综合管廊综合监控系统采用分布处理、分散控制的实时监控理念，以先进、成熟的技术架构各个子系统，使其安全平稳地运行，并通过合适的设备保证各子系统具备良好的扩展性。各系统均严格履行模块化结构方式，以满足系统功能扩充及运行设备的替换、维护需求，确保系统高效可靠运行。

(3) 安全稳定性原则

系统采用分级用户权限控制，数据库支持备份，硬件架构上专网专用，安全防护等级高。

(4) 可扩展性原则

硬件系统的可扩展能力：系统的硬件具备对接入设备的扩展能力，保证在统一的技术原则下向后的扩展兼容。

软件平台的技术扩展性：应用软件平台独立于操作系统和数据库系统，具备依靠操作系统和数据库系统的技术发展而进行升级的能力。

系统的管理扩展性：系统建立标准化管理数据库，并具备企业管理逻辑的设计更新能力，从而保证系统与管理业务流程的同步更新。

(5) 低维护量原则

系统所采用的产品易操作、易维护。监控系统对各子系统的综合监控、集中管理，提高了系统的高效性，降低了系统的管理成本。

(二) 系统构架

地下综合管廊运维统一管理平台系统设计范围主要包括监控中心、通讯与控制系统、环境及设备监控系统、安全防范系统(包括视频监控系统、防入侵检测系统、门禁系统、电子巡查管理系统)、通信系统(包括应急通信与调度系统、无线通信与人员定位系统)，并且预留火灾自动报警系统、消防系统及高压电缆本体检测等专业管线监控系统接入接口，总体框图如图 3-15 所示。

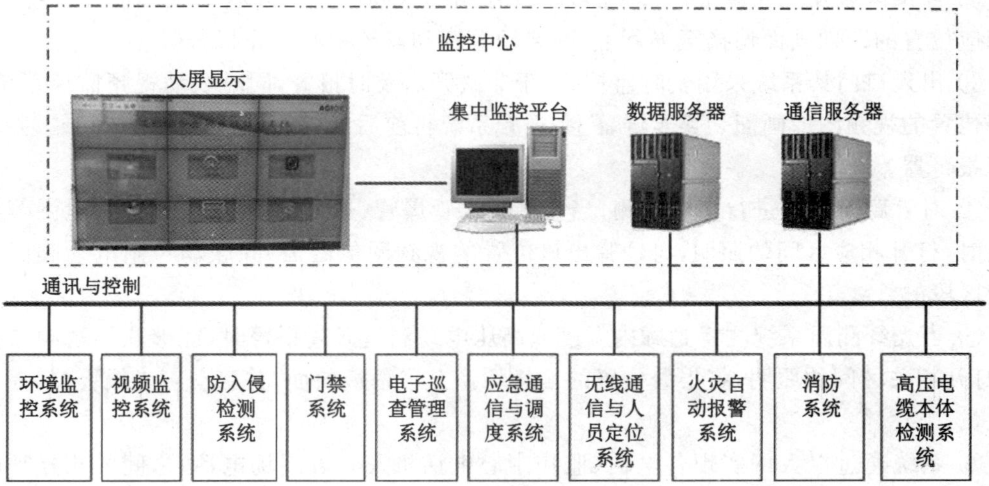

图 3-15　综合管廊综合监控系统框图

(三) 功能实现

(1) 系统具有与其他监控平台或者上一级监控平台进行通信的功能。

(2) 系统具有很强的可扩展性，预留数据和功能接口，便于后期系统的升级和新功能的接入。

(3) 系统具有高度的开放性，能够兼容第三方设备、系统，采用国际国内主流的接口协议，预留足够的扩展接口以适应未来工程建设发展的需要，并且具有负荷均担的功能，避免随着监控规模的增加而使系统崩溃。

(4) 系统具有图文报警、声光报警、短信报警和语音播报等功能。

(5) 系统及设备可以全天候不间断连续运行。

(6) 系统可实时监测管廊环境(包括气体监测、温湿度监测、配电柜进线监测)、视频等各系统状态数据及相关监控信息。管廊环境监测进行树形结构管理，管廊内按分区图形化和设备报表两种格式展示，选择管廊下某类监测设备，能够显示相应的实时数据报表，报表可导出或打印。

(7) 系统具有视频监视与控制功能，能够对管廊内部环境、设备间、管廊出入口等处进行实时全方位的图像监控。系统支持按不同分区显示视频实时监控画面，可远程控制视频转动，支持本地视频回放和历史录像回放，支持历史视频资源查询。

(8) 软件平台实现环境监控系统、视频监控系统及风机、照明、水泵、电子井盖等的相关联动，内置30种以上常规联动策略，满足综合管廊运维管理要求。控制策略可根据客户的要求增加。

① 当管廊内环境温度、湿度和有毒有害气体浓度升高而超过门限时，监控系统将自动打开相应分区的风机，进行强制换气。相应的门限值人工可设置。正常工况下，水泵依照集水井的水位变化自行启动和停止；排水泵同时支持远程操作，由监控平台人员在监控工作站的水泵控制操作界面上进行控制；并支持就地控制，现场工作人员通过手动按钮操作控制。液位传感器发生水位超限报警时，系统自动联动视频监控系统，打开相关区间的照明，自动弹出该位置的视频图像画面，供人工确认。

② 当某区域发生入侵报警，系统自动打开相关区间的照明并联动视频监控系统，自动将相应位置的图像画面切换至屏幕上，并启动管廊和监控中心声光报警器。

③ 出入口门禁系统采用实时监控，对于非法开启及时报警，同时联动视频监控系统，将报警位置的视频图像画面切换至屏幕上，视频系统将前后的信息进行定制录像存储，并启动声光报警器。

④ 对管廊内管线进行实时监测，当监测到水管爆管、热力管泄漏、天然气管泄漏等异常情况时，打开相应区间的照明，自动弹出该位置的视频图像画面，并联动控制电动阀门关闭相应区段的管线。

⑤ 当光纤测温系统测得管廊内温度或高压电缆温度升高报警时，能够联动视频监控系统，打开相关区间的照明，将报警位置的信息切换至屏幕最前面，并启动声光报警器，提醒工作人员。

⑥ 系统通过以太网实现各电话(监控中心电话机及管廊现场电话)之间的相互呼叫及音频广播，并可与外界座机、移动手机通信。

⑦ 系统具有多维度查看功能，可根据项目、功能、分区等进行查看，方便工作人员高效地掌握系统的情况、各个分区的运行情况、系统设备当前运行状况，并根据系统当前情况汇总或采取相应的措施。

⑧ 系统具有用户与权限设置和管理功能。系统具有历史查询功能，可按时间段、管廊分区对历史报警、故障、操作信息进行查询。

⑨ 系统具有台账管理功能，可进行电力设施、电缆设备、监控设备等台账管理。系统具有资料管理功能，可上传不同格式的文档、图片，对文件进行存储、分类管理。

⑩ 系统预留消防系统接入接口，可将火灾探测器的温度信息、灭火信息等接入综合监控系统，对综合管廊进行集中监控，对异常情况进行报警。

第四节　基于机器人综合管廊自动巡检技术

一、行业概况

2015 年国务院办公厅印发了《关于推进城市地下综合管廊建设的指导意见》，部署推进中国城市地下综合管廊建设工作。建设地下综合管廊是国家战略的一部分。规划至 2020 年，建成第一批具有国际先进水平的地下综合管廊并投入运营。目前，上海、广州、珠海、济南等地区已有综合管廊投入运营，同时第一批综合管廊试点城市也将陆续完成管廊建设工作。因此，如何安全高效地运营综合管廊，将是综合管廊下一步发展所必须面对的问题。

二、现状分析

传统综合管廊的日常巡视检测工作主要由人工完成，并通过固定式监控检测设备和手持式检测设备进行辅助巡检。传统巡检方式的主要问题如下：

(1) 管廊内环境恶劣，不利于工作人员的身心健康且存在安全隐患。

① 光照条件差，不便于工作人员巡检；

② 环境湿度大，常常会有漏水和积水；

③ 通风条件差，易聚集有毒有害气体。

(2) 管廊距离长，人工巡检劳动强度大。

(3) 固定式检测设备离散式分布于管廊沿线，无法实现全覆盖式的监控。

(4) 固定式检测设备投入数量大，维护成本高。

三、设计思路

智慧管廊是利用先进的信息技术、网络技术、传感器技术、机器人技术等构建可视可控的管网运行环境，感知管网的运行状态，分析相应的数据，为城市综合管廊预警预防、维护检修、应急处理提供相应的决策依据。

机器人技术作为智慧管廊的重要技术之一，以智能可移动平台为中心，集多种数据采集设备于一体，实现全自动自主巡视检测、智能识别预警和故障应急处理，配合在线监控系统、管廊设施控制系统、信息处理和分析系统等，形成综合管廊一体化控制平台。它是城市地下综合管廊实现信息化、系统化、智能化运维的一项新兴手段，是未来管廊运维发展的一大趋势。

根据目前综合管廊的巡检现状和需求，设计思路如下：

(1) 实现管廊巡检全覆盖。有效解决在线监控系统在管廊监控过程中存在的固定化、盲点多、离散式等问题。通过在线式和自主移动式检测平台的相互配合，实现对廊内各类设施、设备及环境信息的全覆盖检测。

(2) 提高人工巡检效率，减少工作人员出入廊内巡检时间。智慧系统将有效提高地下综合管廊的运行管理效率，及时发现管廊内设备的各项参数异常和故障情况，大大减少管廊灾害和事故的发生。

(3) 与其他系统联动。通过高速网络通信系统，实现机器人、在线监控、管廊控制等系统之间的协调联动，并由综合管理平台统一调度控制。

四、系统组成

综合管廊智能机器人系统集可移动的智能机器人检测平台和在线监测设备于一体，对管廊内的设备信息、环境信息、安防信息等进行全方位实时监控，实现综合管廊内各类设备的自主巡视检测、运行数据实时监测、故障报警和应急处理等功能。

系统结构可分为3层，分别为执行层、通讯层和管理层。执行层包括了智能机器人本体、消防机器人、自主充电模块、防火门控制模块、其他在线辅助设施等，实现智能机器人的数据采集、自主充电、自动穿越防火门、应急消防等功能。通讯层可分为无线通信和主网通讯两大部分，无线通信满足管廊内的网络全覆盖，保证机器人在任何位置都能实现无障碍通信。管理层包含了机器人后台、监控中心(综合管廊系统)和移动客户端3类，主要功能有大数据分析、任务编排下达和历史数据查询等。

目前国内巡检机器人技术相对成熟，已经在高压变电站、电缆管廊、生产车间流水线上开始使用，综合管廊也有运用的试点。国内也涌现出一批知名生产厂家，如浙江国自、康威通信。

综合管廊巡检机器人型式分为轮式、挂轨式两路，主要由6部分构成：机器人本体、灭火机器人平台、轨道平台、智能控制系统、通信平台和供电平台，如图3-16所示，实物图如3-17所示。

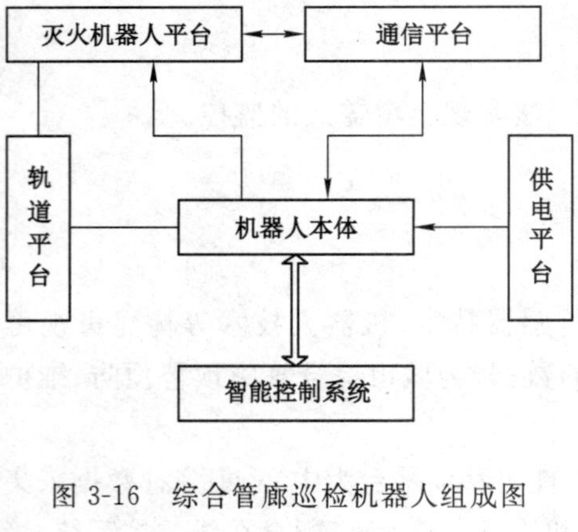

图3-16 综合管廊巡检机器人组成图

图3-17 综合管廊巡检机器人

(一) 机器人本体

机器人本体主要包含环境检测系统、图像采集系统、应急广播及语音对讲系统、人员检测跟踪系统、定位系统、避障与自主防撞系统等，它是完成巡检任务的核心部件。它搭载了红外热像仪、可见光高清摄像机、气体检测仪、温湿度传感器、交互式实时对讲平台、声光报警器、超声停障系统等，系统采用高性能嵌入式CPU控制，全工业化元器件设计，系统运行可靠，功能齐全。机器人本体设备及功能详见表3-2。

表 3-2　机器人本体设备及功能

名　称	功能说明
底盘电机	用于底盘运动
高清摄像头	用于图像识别
红外热像仪	用于温度检测
云台	用于搭载设备全方位转动
气体传感器	用于检测 O_2、H_2S、CH_4等气体浓度及温湿度
实时对讲平台	用于交互对讲
声光报警器	用于机器人状态报警
停障系统	探测前方障碍物，进行停障

（二）灭火机器人平台

灭火机器人与巡检机器人本体采用同一轨道系统、通信系统、充电系统和控制系统，且自身携带自动灭火器。灭火机器人能和巡检机器人联动，准确到达火灾位置，其运动性能如定位精度、速度、爬坡能力等与巡检机器人同等。

（三）轨道平台

轨道型材采用高强度铝合金/工字钢，可以拼接，并且可以根据管廊地形设计弯曲度和坡度。要求承载质量：不小于 100 kg。在直线段每隔 1.5 m 安装一只轨道固定支架，弯道处每隔 0.5 m 安装一只。轨道安装方式：① 将支架用化学螺栓固定到廊道顶部；② 将长 T 形螺栓螺母装好滑入轨道槽拧紧；③ 将 T 形螺栓头穿过支架上的孔，用螺母固定。轨道安装如图 3-18 所示。

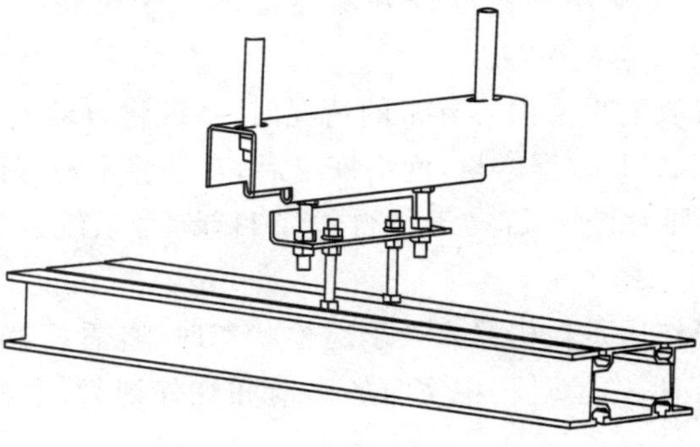

图 3-18　轨道安装示意图

（四）智能控制系统

运用智能控制系统软件实现对巡检机器人的采集信息进行处理及远程控制等功能。本地监控后台将分析并存储本管廊内的所有巡检数据，具有实时监控、巡检计划编排、遥控功能、巡检报表和历史数据等五大子系统。

1. 系统自检模块

智能巡检机器人配备有独立、完善的自检系统。

(1) 电源监控系统：电源监控系统采用专业电池电量监控芯片，将实时采集到的电池电量、电压、电流数据上传至主控制器，当出现电池电量过低、电池电压过低、电池电压不稳定、电池电流过大、电池电流极度不稳定等情况时，智能巡检机器人将就地指示并上传故障信息。

(2) 硬件驱动监控系统：智能巡检机器人采用电机驱动模块，该模块将实时监控电机驱动状态，当出现欠压、过流、过温等异常情况时，智能巡检机器人将就地指示并上传故障信息。

(3) 通信监控系统：智能巡检机器人内部采用CAN(控制器局域网络)通信、485通信、Wi-Fi通信等技术并且配备有完善的通信监控系统，当上述通信出现阻塞、信号丢失、大量数据错误等异常情况下，智能巡检机器人将就地指示并上传故障信息。

(4) 检测设备监控系统：智能巡检机器人配备有多种检测传感器，如可见光高清摄像机、红外测温热成像仪、接触传感器等，各传感器均配备独立的自我监控系统，当上述设备出现异常且无法自恢复时，自我监控系统启动保护措施，并就地指示且上传故障信息。

智能巡检机器人智能巡检系统有可靠、准确的自检功能，发生异常时应能就地指示，并能上传故障类型等信息至监控后台。

2. 数据远传与报表模块

智能巡检机器人智能巡检系统配备专业通信设备，保证数据传输的稳定、可靠。在智能巡检机器人执行任务的过程中，其能够将所记录的图像或视频信息通过无线网络传回主控室，并自动记录拍摄地点和时间等信息。

智能巡检机器人管理软件可支持各种信息的报表生成，支持日志记录(保存于数据库中)，工作人员可根据需要按照不同关键字段(如人员、班次、时间、设备名称、问题表现、事故分析等)来生成不同类型的报表，报表能以表格、条形图、柱状图等多种形式，通过同比、环比等多种途径进行分析，利于从不同角度来判断隧道内各个设备的运行状况，并预测设备性能。

当出现通信中断、接收的报文内容异常的情况时，系统将自动上送告警信息。机器人具有本地存储功能，可存储24 h数据容量，网络恢复后，自动将本地存储数据上传至后台。每台设备巡检结果的多张照片统一归集于每台设备目录下，系统逻辑清晰，以便后期故障排查。

实时监控界面，主要作用是在机器人处于巡检状态时，查看机器人当前的位置、巡检的路线、将要巡检的设备信息、巡检过程中实时的高清和红外视频、巡检过程中实时的巡检结果等信息。

3. 巡检计划模块

巡检计划界面，主要作用是编辑巡检任务、制订巡检计划和下发常规巡检任务。远程遥控界面，主要功能是让用户能够根据需求，遥控机器人到任何允许的地方，对特定的设备进行手动的巡检，并且可以截取对该设备的高清和红外图像和视频。

该界面主要包括了可见光视频、红外视频、电子地图、雷达、车体控制、云台控制、模式切换等控件。

4. 历史数据模块

历史查询界面分为两部分，分别对应了两种查询的方式：一种是根据巡检任务进行查询，另一种是根据设备列表进行查询。其中根据巡检任务列表进行查询界面，根据时间分类，显示所有已经完成的巡检任务信息，通过双击某条任务可以进入详细查询界面，查看本次任务所有设备的详细巡检情况。设备详细信息显示部分中也分为几大部分，包括设备选择、设备基本信息、设备详细信息、缺陷、历史曲线、历史数据等。

系统具备提供巡检时采集、存储可见光和红外视频的功能，并支持视频的播放、停止、抓图、录像、全屏显示等功能。

实时记录、下载并在本地监控后台上显示智能机器人的工作状态、巡检路线等信息。

系统具有在巡检点上采集、存储红外热图的功能，并能够从红外热图中提取温度信息。

系统提供手动控制和自动控制两种对机器人的控制方式，并能在两种控制模式间任意切换。手动控制功能可实现对机器人车体、云台、可见光摄像机和红外热像仪的控制操作。自动控制时，系统能够在全自主的模式下，根据预先设定的任务或者由用户临时指定的任务，通过机器人各功能单元的配合实现对设备的检测功能。

系统提供显示、存储机器人相关信息的功能，具体包括机器人驱动模块信息、电源模块信息、自检信息等。

系统提供事项显示功能，事项应根据报警级别、事项来源等分类显示，同时系统提供历史事项查询功能。

系统能将巡检任务中采集到的可见光图像、红外图像、设备位置状态、各指定检测气体含量等信息存储在本地监控后台的巡检数据库中，能够按照巡检时间、巡检任务、设备类型、设备名称、最高温度等过滤条件查询巡检数据。

系统提供自动生成设备缺陷报表、巡检任务报表等功能，并提供历史曲线展示功能，所有报表具有查询等功能，报表可按照设备名称展示所有相关巡检信息。

机器人后台要按照人工巡视路径展示巡检设备及巡检结果，每台设备巡检结果的多张照片要统一归集于每台设备目录下。

任务规划功能的可编辑巡检点不少于 8 000 个。

系统软件人机界面无效点击操作少、操作方便，信息显示清晰直观，对操作人员的专业能力要求低。

5. 异常报警模块

智能巡检机器人配备的高清摄像头还将完成对阀门各类仪表的读数识别，当仪表的读数超过正常值范围时，智能巡检机器人发出声光提示，报警信息能通过短信发送，并且报警上传至服务器。该类报警在人工操作模式下可以实现退出/恢复。

在监控中心的工作人员可设定智能巡检机器人的高温报警极限值，当智能巡检机器人在工作的过程中检测到某个点的温度超过限值后，立即声、光和语音报警，以防止发生事故，造成生命危险，并将这些信息存储到数据库中，为之后的事故处理提供依据。报警内容包含在区域绝对温度超过极限值时报警，以及三相相对温度超过极限值时报警。

（五）通信平台

智能巡检机器人系统基于无线网络传输技术，通过监控平台对巡检机器人实现远程操控。在综合管廊内设置了无线通信系统，实现综合管廊内无线网络的全面覆盖。通过工业级无线 AP 与本地监控端无线 AP 建立网络连接。

1. 布线方案

每隔 100 m 一个 AP 进行全向覆盖，进行整个管廊覆盖。AP 箱采用不锈钢 304 材质，防护等级 IP65，箱内设备包括交换机、光纤收发器、光纤模块及电源排插。同时，每个光纤箱提供一根网线与主网进行通信。光纤箱通过光纤连接。

机器人内置或外置支持移动切换无线接入点配置外置全向双频天线，与管廊接入点进行覆盖移动切换传输，进行双无线连接线路，切换的时候只是其中一条无线连接切换，另外一条无线连接正常，以保证客户端在移动传输视频及相关数据时的稳定性。

2. 网络要求

(1) 管廊无线信号可无盲区覆盖。

(2) 智慧管廊机器人和管廊内各无线 AP 组成无线网络，可以在各 AP 之间漫游，切换时间少于 100 ms。

(3) 智慧管廊机器人所有的控制信号、视频数据、音频数据、现场传感器采集数据及报警信息均通过无线网络传输。

(4) 智慧管廊机器人不管处在什么位置，通信带宽均不小于 60 Mb/s，同时配合服务质量功能，可以保证视频、音频等各类数据实时可靠传输。

(5) 远程监控后台通过 IEC61850 协议及 Web Service 通过专网与本地监控后台进行双向数据交互。

(六) 供电平台

可靠的电源供应是保证巡检机器人正常巡查的基础。可采用电池和分布式接触充电系统相结合的供电方式。

(1) 分布式充电点采用交流 220 V 作为电源输入，有效保证在管廊中可靠运行；智慧管廊机器人可采用电池供电，电池采用磷酸铁铝电池，电压满足安全电压要求，不超过 36 V。

(2) 非转弯、非上坡时，智慧管廊机器人工作电流可低至 1.5 A。

(3) 智慧管廊机器人搭载电池容量满足满负荷(充电一次)行走里程大于 2 km。

(4) 充电站设计从原理上保证绝不产生火星，以保证安全。

(5) 全套供电系统正常工作时，总功率小于 1 500 W。

五、功能实现

(一) 日常巡检

为了实现对整个管廊监测的全覆盖，机器人每隔 50 m 设置一个巡检停靠点，机器人到达巡检停靠点后，自动转动云台，对管道、管廊环境进行定点巡检，在管道接头、进出口转弯处等重要巡视段增加定点巡检点。巡检内容包括：管廊内部整体实时环境、环境状态(气体、温湿度)、管道外观、管道外表温度、管道接头外观与温度、进出口实时动态情况与环境状态等。

1. 视频监控功能

挂轨式智慧管廊机器人可实现可见光与红外视频图像采集功能，机器人可自动移动到指定位置，控制云台自由转动，拍摄管廊内各种设备高清图像和红外热成像，并将采集到的信息经无线局域网实时传输到监控中心，在监控中心的工作人员便可根据图像判断出管廊内的各种设备是否安全。

2. 红外测温功能

挂轨式智慧管廊机器人具备温度采集的功能，对指定区域进行温度检测。当被检测设备温度超过设定温度值时，机器人能够自动报警，工作人员便可到故障地点实地查看，并采取相应措施，同时将这些信息存储到数据库中，为之后的事故处理提供依据。图 3-19 为可见光和红外实时监控实景图。

(a) 可见光下实景图　　(b) 红外监控图

图 3-19　可见光和红外实时监控实景图

3. 管廊环境监测功能

挂轨式智慧管廊机器人携带有气体探测器与温湿度传感器，可以随时对管廊内的空气环境与温湿度进行分析并得出结果，气体分析包括检测空气含氧量及有毒与可燃气体（CO、H_2S、CH_4）浓度大小，同时将结果反馈给监控中心的工作人员，也可人工设置报警的限值，包括低温（高温）报警限值、湿度报警限值、气体浓度报警限值，超过限值后立即声光报警，以防止由于工作人员对管廊环境的误判而造成生命危险。同时挂轨式机器人也可作为一个安全引导员，当有工作人员下去进行检查时机器人可在前面做一个安全引导，提供有毒气体、温度、湿度的实时监测，一旦监测到异常情况立即发出警报提醒工作人员。

4. 积水识别功能

巡检机器人配备积水监测仪，结合自主研发的图像识别技术，与电子水位计、温湿度传感器、智能巡检机器人高清摄像头等多种检测设备及机器人图像识别技术组成一套完整的积水检测方案。在地形较低、易积水及电缆接头处等重要位置安装水位传感器；在巡检路线上，多点采集图像，进行图像分析。后台进行管廊内的积水情况智能分析，能及时发现内部的漏水、渗水、积水等情况。

（二）特殊巡检

挂轨式智慧管廊机器人巡检有定时巡检、定点巡检、指定任务临时巡检、遥控巡检多种方式。常用的定点巡检可以根据指定的路径和指定的巡检目标点进行自动匀速巡检，只需要设定巡检路径并启动自动巡检即可使机器人自动完成一次巡检。巡检过程中机器人每到一个巡检工作位置，能自动准确停车探测，做完规定的动作后再按照路径自动往下一个巡检目标点前进，并不需要人为操作控制就可完成巡检作业，自动记录并保存所采集到的数据。

（三）应急处理

当管廊内部遇到突发事件时，例如发生停电、火灾或工作人员有生命危险等，在不清楚事故原因的情况下，可先遥控挂轨式智慧管廊机器人高速到达事故现场查明原因，最大程度避免人员伤害。

管廊内出现突发事件，机器人会自动切换到应急控制模式，工作人员可以在监控中心遥控机器人到事发地点查看实时情况。机器人携带有必要的急救物品和应急设备，针对不同事故，机器人可作出不同反应（图 3-20）。若管廊内停电，可通过照明系统和可见光摄像头检查设备故障，及时查明故障原因。若管廊内发生火灾等严重事故时，管廊内的工作人员可能由于烟雾或其他不可控的原因而不能辨别逃生方向，则此时可由装在管廊上方的摄像头来进行判断，监控中心可以确定突发事件发生点，人为或者是系统自动选择远离事件发生点方向为逃生方向，然后将指令发送给在现场的挂轨式智慧管廊机器人，此时装在挂轨式智慧管廊机器人上的疏散指示灯开始闪烁，指引被困工作人员朝安全的方向离开事故现场。当有工作人员在管廊内遇到突发状况需要寻求救援时，机器人可自动或由监控中心的工作人员控制赶往事故现场，为处于危险中的被困人员提供急救物品。挂轨式智慧管廊机器人还可以作为一个临时指挥平台，被困人员可通过这个指挥平台与主控室的工作人员取得联系，采取逃生措施。

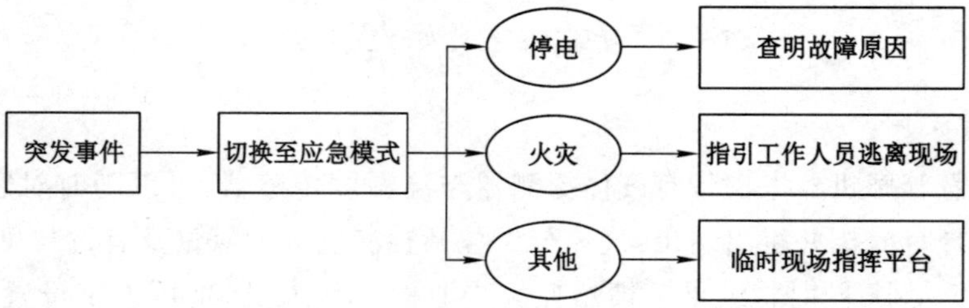

图 3-20　突发事件处理步骤

（四）自主充电

智慧管廊机器人本体自带电池电量检测电路，且可人工设置电量报警下限，一旦机器人检测到电池电量低于设置值时则会自动停止当前巡检任务，同时发出警报，之后自主运行到充电点进行充电。

（五）自身安全防护

智慧管廊机器人采用超声波停障系统，对障碍物和管廊内工作人员进行探测，遇到障碍会停止并报警。同时在结构上增加防护，防止碰撞造成人员或者设备损伤，与超声波停障系统构筑双重安全保障，在超声波停障系统失效情况下防止与障碍物的激烈碰撞，进行系统安全报警并在明显位置安装有闪动警示灯，提醒管廊内工作人员注意。

同时，由于管廊内的特殊环境，挂轨式智慧管廊机器人本体还设计有极强的抗电场干扰能力，其可行性已在电解铝超大电流整流室中成功验证。

（六）视频指挥功能

巡检机器人可实现可见光与红外视频图像采集功能，机器人可自动移动到指定位置，控制云台自由转动，拍摄电力廊道内各种设备高清图像和红外热成像，并将采集到的信息经无线局域网实时传输到主控室，在主控室的工作人员便可根据图像判断出电力廊道内的各种设备是否安全。

（七）伴随巡检

机器人将伴随现场的工作人员进行工作。机器人搭载的补光设备可在光线较差的地下空间提供照明，位于地面的工作人员也可以通过机器人，向正在施工的工作人员运送必要的物品和工具。同时机器人也肩负着现场操作过程中管廊环境的实时监测，一旦出现异常则进入应急状态，疏散工作人员并向后台发出警报。

（八）系统联动

把机器人系统、管廊环境多个子系统有机地整合到一起，实现多网融合，互为补充，避免出现多套系统带来的信息孤岛问题，同时预留管廊电力、热力、自来水等专业管线测量接口，解决日常巡检、生产管理、调度指挥等一体化问题，实现综合管廊的系统化管理。

系统由基于对等网络的监控站、基于 C/S 模式的本地高速历史数据共享系统和基于 B/S 模式的 WEB 数据浏览与运行平台构成，利用网络技术把上述系统集成为一个整体，利用机器人、图像识别技术有效补充在线监测设备、人员巡检的不足，并通过大数据分析等对象建模的方法，建立了一套适用于综合管廊安全及管理的方法，实现资源共享和信息互通，建立综合管廊中各子系统的联动和快速反应机制，达到综合管廊的各系统协调运行。

机器人智能巡检系统同时具备一定的扩展接口能力，提供与一体化资产管理信息系统、已有在线监测系统、消防系统等的接口；可实时将巡检机器人从现场采集的所有气体浓度信息、温湿度信息、报警信息及巡检机器人本身状态信息通过标准模型进行推送。系统互联应符合电力监控系统安全防护规范的要求。

1. 硬件接口及协议

机器人系统采用工业以太网接口统一连接到数据交换中心，通过 http 接口协议进行信息交互及传输。

2. 软件融合

(1) 监控界面融合：在任一台计算机可监控环境参数、机器人运行情况、调度情况及有无报警等异常。

(2) 视频界面融合：固定摄像头与机器人互相配合，查看机器人运行情况、测量异常点等。

(3) 分析判断：根据在线监控测量结果、机器人巡检结果及经验数据，建立电力、热力等管廊模型进行系统分析判断，输出控制及指导信息，保障管廊安全、高效运行。

六、巡检机器人运用中注意事项

(1) 采用挂轨式巡检机器人对管廊层高有一定的要求，做管廊工艺专业定管廊层高时，不仅要考虑满足管线要求，同时还要考虑巡检机器人安装所需的空间。

(2) 巡检机器人穿越相邻防火分区防火墙时，要处理好防火的问题。目前厂家也拿出相关的解决方案，但前提是火灾时能防止火势扩散。

(3) 目前为止，针对巡检机器人国家还没制定相关的规范及政策，巡检机器人的配置及质量也是千差万别，建设单位及设计单位应因地制宜、共同决策，大力推广先进型、成熟型新技术。

第四章 机电设备安装工程中的BIM技术

第一节 应用现状及优势

一、应用现状

BIM,即建筑信息模型(building information modeling),被视为一种突破性创新技术,国内外对其有多种定义,主要含义为“以三维可视化为特征的建筑信息模型的信息集成和管理技术”。因此BIM既是一个建筑设施的计算机数字化、空间化、可视化模型,也是一个模型的应用过程,目的是提高建设项目的策划、设计、施工和运维管理水平。BIM技术正成为信息技术应用于建筑领域的典型代表。

随着社会的发展和人民生活水平的不断提高,建筑物的规模不断增加,功能日益增加,造型和结构也更复杂,造成建筑机电系统错综复杂,导致机电安装工程的难度不断提高。传统的机电安装工程中,仅是参照二维平面图施工,缺乏直观的可视效果,设备和管线布置不合理问题往往在施工过程中或施工完成后才被发现,从而造成返工、材料浪费、拖延工期及增加成本。面对如此多的问题与挑战,BIM技术作为行之有效的解决方案已经成为行业共识。

BIM技术自从21世纪初引入国内,受到我国建筑行业的普遍关注并得到快速发展。2015年6月16日,住房和城乡建设部印发了《关于推进建筑信息模型应用的指导意见》(以下简称《指导意见》),提出如下两条发展目标:

(1) 到2020年末,建筑行业甲级勘察设计单位以及特级、一级房屋建筑工程施工企业应掌握并实现BIM与企业管理系统和其他信息技术的一体化集成应用。

(2) 到2020年末,以下新立项项目勘察设计、施工、运营维护中,集成应用BIM的项目比率达到90%:以国有资金投资为主的大中型建筑;申报绿色建筑的公共建筑和绿色生态示范小区。

为全面掌握各地各类企业BIM技术研究与应用进展状况,把握未来BIM发展方向,受住房和城乡建设部质量安全监管司委托,中国建筑业协会工程建设质量管理分会组织开展了“工程建设领域BIM应用调研”工作。调研工作从2016年7月开始到11月结束,调研的主要内容是《指导意见》贯彻落实情况以及行业BIM应用情况。调研对象的主体是国内部分甲级设计企业和特级、一级施工企业。调研结果能反映当前我国设计和施工领域BIM技术应用情况。

调查显示,42%的施工企业了解《指导意见》的具体内容,51%的施工企业听说过但不了解《指导意见》的具体内容,4%的施工企业已经对《指导意见》采取相应措施。主要调研情况如下:

(1) 关于企业BIM应用基础准备工作完成情况,调查显示,“BIM发展应用规划”是完成度最高的准备工作,其次是“BIM应用软硬件环境”,有39%和26%的企业已经完成。完成度较低的准备工作分别是“适合 BIM 应用的工作管理模式”“BIM 应用标准流程”“BIM 应用人才培养”“企业级各专业构件库”，只有 15%、14%、14%和 9%的企业已经完成。

(2) 关于 BIM 应用工作重点，调查显示，有 22%工程项目将 BIM 技术用于“施工模型建立”和“施工过程管理”，是在实际项目中应用最多的工作重点，有 34%的企业还没开始或未填报，已经开展过“交付竣工模型”应用的企业不到一半(47%)。

(3) 关于“BIM 应用效果”，调查显示，企业认为应用效果较好和很好的工作是施工模型建立(42%)、专业协调(34%)和细化设计(32%)。

(4) 关于“现有软件对该项工作的功能满足程度”，调查显示，企业认为软件功能较好和很好的 BIM 软件是施工模型创建软件(43%)、专业协调软件(37%)和深化设计软件(36%)。

(5) 关于开展设计控制、进度控制、成本控制、质量安全管理和协调管理等各项 BIM 应用的工程占企业所有工程项目的比例问题，调查显示，有一半以上工程开展上述各项 BIM 应用的企业在 13%～21%，有 10%以上项目开展上述各项 BIM 应用的企业不到 50%，还有一半以上的企业没有反馈。

(6) 对现有 BIM 软件功能满意度问题，调查显示，认为对软件功能和应用效果非常满意的企业不到 10%，认为基本不满意和应用效果不大或一般的企业超过 60%。说明施工 BIM 应用软件还有较大的发展空间。

尽管在我国 BIM 技术处于起步阶段，但目前已经受到大家的普遍关注。通过对该技术的利用能够使工程建设的效率得以显著提升，尤其是在机电安装工程的施工中得到非常广泛的应用。现在很多机电施工单位正在不断研究如何在机电安装工程中应用 BIM 技术，极大提升了我国机电工程安装施工水平。

二、应用优势

将 BIM 应用于机电安装工程中，进行管线综合与碰撞检查、预制件加工、工程量统计和施工模拟及进度控制等环节，不仅可以显著提高效率、控制成本，还可以实现项目的精细化管理。BIM 技术在机电安装工程中有明显优势。

(一) 增强建筑的可视度

在 BIM 技术的应用下，建筑的可视化程度会有很大的提升，优化建筑的功能空间。BIM 技术可以通过专业的软件把建筑中较为复杂的线条式构件形成一个三维的实物形体，直观形象地展现出来，并且在相同构件中还可以实现互动。这样整个建筑设计施工的过程就会变得更为透明，对于存在的设计不足之处可以第一时间发现并进行纠正，也就达到了优化建筑安装效果的作用，使建筑空间控制满足最大舒适度要求。

(二) 提高建筑工程安装施工的水平

BIM 技术的另一个优势就是可以保证安装施工的质量和水平。在所形成的建筑信息模型中，建筑设计中每一个构件的属性和参数都可以依据精确的比例计算得到，这样就保证了建筑安装过程中每一个环节都可以进行绝对的对接，减少了潜在问题的发生，对于工程设计方案的调整优化也是十分有利的，不仅可以提高建筑物的整体质量，也可以对造价成本进行严格控制。除此之外，BIM 技术还可以对建筑安装施工中人为所不能及的操作进行模拟，例如节能模拟、安全模拟等。这样就可以对建筑工程施工现场存在的安全隐患进行事先发现和排除，从而提高建筑工程安装施工的安全性。

(三) 提高建筑工程的改造效率

作为一种可后续拓展技术,BIM 技术还可以将一个可进行后续整改的平台提供给建筑的其他相关行业,特别是如果出现了新的机电产品或者机电技术,就可以非常快速地增加功能,使工程的改造效率得以提升。

第二节 机电施工 BIM 应用流程

一、组织模式及架构

根据 BIM 实施主体和应用阶段的不同,BIM 应用的组织模式分为设计单位驱动、施工单位驱动和建设单位驱动 3 类。

(一) 设计单位驱动的组织模式

该模式是为了解决复杂异形建筑的设计、可视化方案沟通、复杂管线综合、建筑性能模拟及数字化协同设计等问题,以设计单位为主在设计阶段的 BIM 应用组织模式。该模式在 BIM 信息创建中发挥了重要作用,也是目前最广泛的 BIM 应用组织模式之一。但是,由于设计单位设计服务工作范围、时间范围和专业经验的限制,该模式往往聚焦于设计阶段的设计服务,对于施工阶段的协调、配合和支撑较少,客观上也无法协调施工阶段各参建单位的 BIM 应用,对于运维阶段则支撑更少。

(二) 施工单位驱动的组织模式

随着项目复杂性日益提高,市场竞争日益激烈,施工单位也迫切需要更为先进的施工管理方法和工具,以提高自身的施工管理能力和市场竞争能力。同时,随着 BIM 应用政策的不断推动,施工单位也意识到 BIM 及相应技术应用的大趋势。因此,以施工单位为主,开展 BIM 应用也逐渐成为一种重要的组织模式。虽然施工单位应用 BIM 客观上也能提高工程进度、质量和安全管理水平,从而为建设单位创造价值,但是,作为承包商,施工单位应用 BIM 更多的是为了辅助施工方项目管理,而非业主方(包含建设单位及代表建设单位利益的代建单位以及其他咨询单位等)项目管理。此外,该种模式缺乏设计阶段的 BIM 应用或管理,使得施工阶段 BIM 应用的成本更高;继而,受限于施工单位服务阶段的应用,对运维阶段的管理也极其不利,建设单位需要投入额外的成本进行竣工模型交付检查、运维模型校对和运维转化。

(三) 建设单位驱动的组织模式

随着 BIM 应用范围的扩大和应用深度的增加,全过程、全方位 BIM 应用逐渐成为建设项目的实际需求。一方面,BIM 最终为了解决项目全生命周期中存在的信息管理问题,是为项目全过程提供增值服务;另一方面,业主方是项目的总组织者、总协调者和总集成者,也只有业主才能洞悉 BIM 的应用需求,整合各方资源和协调 BIM 应用,使 BIM 应用融合于前期决策管理、实施期项目管理和运营期设施管理。因此,建设单位驱动的组织模式,能较好地满足建设项目管理的现实需求。但是,由于建设单位的专业性和 BIM 应用经验往往不足,通常需要聘请专业的 BIM 咨询单位提供全过程、全方位的 BIM 应用支撑,建设单位与 BIM 咨询单位等共同构成业主方 BIM 应用团队,共同开展全生命周期 BIM 应用的策划、实施、组织和协调。

表 4-1 对以上模式进行了对比，以供参考。若进行全过程 BIM 应用，采用建设单位驱动的 BIM 应用模式则具有更好的效果。该模式下，在设计和施工阶段，需要充分发挥相应单位的技术优势和经验优势，共同组建项目 BIM 应用组织，协同推进 BIM 应用。该模式的组织架构如图 4-1 所示。

表 4-1　BIM 应用不同的组织模式对比分析

应用模式	应用范围	应用重点	效果	应用程度
设计单位驱动	设计阶段	设计方案的论证、模拟、展示、优化和协同	好	最广
施工单位驱动	施工阶段	施工方案的论证、模拟、展示、优化以及基于 BIM 的施工管理	一般	逐渐增多
建设单位驱动	全生命周期	决策、方案的模拟与优化、基于 BIM 的建设管理和运维管理等	最好	逐渐增多

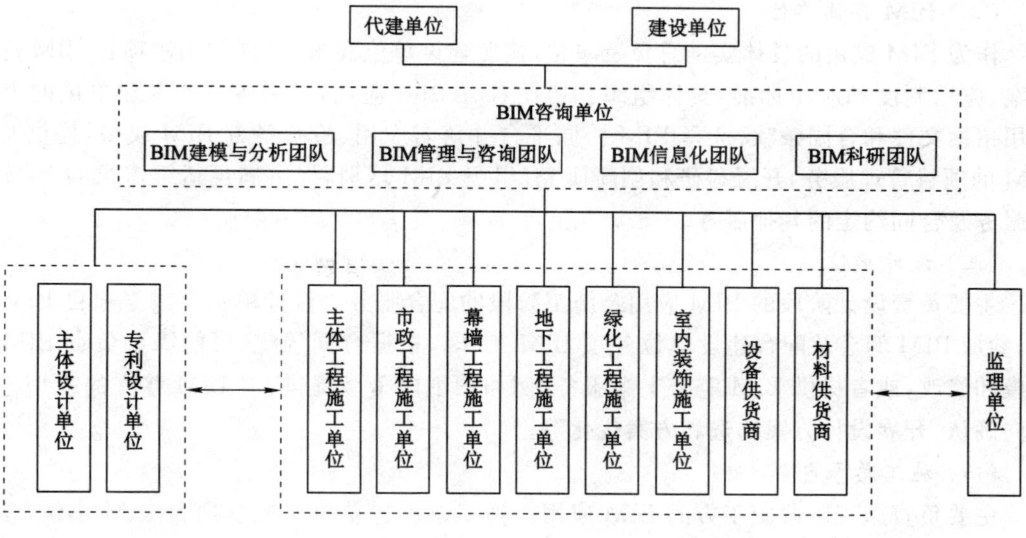

图 4-1　BIM 应用组织架构图（建设单位驱动）

在 BIM 应用过程中，由建设单位主持成立项目 BIM 应用核心工作组织，可根据项目情况分为领导小组和工作小组，负责协调全生命周期中各参与方的 BIM 应用。由建设单位指派专人作为组长。其他参建各方（代建单位、BIM 咨询单位、设计、总包、分包及监理等）各指派 1 人作为组员，负责处理本方与 BIM 实施相关的事务。领导小组的工作内容包括但不限于：

（1）BIM 应用方案的策划。

（2）制定项目 BIM 应用制度和标准。

（3）关键阶段和关键节点的 BIM 应用推动。

（4）协调、督促、检查和考核各方的 BIM 应用。

（5）关键 BIM 应用成果的检查和验收。

（6）推动 BIM 的创新实践。

BIM 领导小组以不定期的方式召开小组会议，讨论各阶段应用过程中出现的问题、需要进行协调的内容以及后续 BIM 应用工作的开展计划。为了提高参建各方在项目管理工作中的配合度和参与度，提升 BIM 应用信息采集及成果应用的准确性和及时性，增强参建各方应用的协调能力，可在 BIM 领导小组下设工作小组，负责参建各方在项目 BIM 应用过程中的具体事务。工作小组成员可动态调整，但需要保证主要参与单位至少 1 名成员，并设 BIM 联络员，承担具体工作的对接。

二、各方职责分工

采用不同的应用模式，各方的职责有所不同。同时，职责分工也受合同约定影响。以下以建设单位驱动、全过程应用模式为主导模式，介绍各方的职责分工建议，其他模式可参考执行。

（一）建设单位

组织建立 BIM 领导小组，统筹安排项目全过程 BIM 应用工作，组织 BIM 咨询单位、设计单位、施工单位、施工监理、财务监理及各参与单位共同推进 BIM 应用；提出 BIM 应用需求、进行成果确认及关键问题决策。

（二）BIM 咨询单位

作为 BIM 应用的具体实施总负责单位，按照建设单位要求，策划和编制项目 BIM 应用方案、应用制度和应用标准，具体组织和协调各方 BIM 应用，编制各主要参建单位的 BIM 应用招标文件和合同条款，选择 BIM 协同平台并落实应用，检查各方 BIM 成果，提供基于 BIM 的项目管理服务，开展科研和创新研究，组织 BIM 培训，提供满足运维需求的 BIM 模型服务及合同约定的其他服务。

（三）设计单位

主要负责设计阶段的 BIM 应用及施工阶段的配合服务。设计单位应成立项目 BIM 小组，参加 BIM 例会及配合建设单位各项 BIM 工作。根据合同约定，可能需要负责 BIM 的建模和修改，或者提供 BIM 应用支撑服务，例如图纸电子版提供、对 BIM 移交的模型进行双向确认、开展设计方案比选和方案优化等。

（四）施工总承包

主要负责施工阶段施工方的 BIM 应用。施工总承包单位应成立项目 BIM 小组，参加 BIM 例会及配合建设单位各项 BIM 应用工作。根据合同约定，可能需要负责基于 BIM 的施工应用，以及协调各专项分包单位的 BIM 应用，例如施工组织和施工方案模拟、4D 应用、质量和安全控制、模型更新和深化、深化设计应用及竣工模型构建等。

（五）施工监理

主要负责施工阶段围绕监理工作的 BIM 应用，例如参加 BIM 例会及配合建设单位或 BIM 咨询单位的各项 BIM 工作，在现场管理、质量和安全管理、变更管理和工程量及签证管理等方面协助推进 BIM 应用。

（六）财务监理

主要负责造价控制方面的 BIM 应用，例如参加 BIM 例会及配合建设单位或 BIM 咨询单位的各项 BIM 工作，根据 BIM 咨询单位要求提供工程量统计，提高算量精度，了解变更实际增加工程量，提高签证及决策效率，控制投资，配合 BIM 咨询单位进行 BIM 造价研究及应用。

（七）各分包单位

负责各自合同范围内的 BIM 应用，例如 BIM 模型的深化、调整和专项应用，指派专业

BIM 工程师或管理人员，负责 BIM 工作的沟通及协调，定期参加 BIM 工作会议，按照总承包要求的时间节点提交 BIM 模型，向总承包提供必要的协助和支持。

三、各方能力要求

采用不同的 BIM 应用模式，各方的能力要求有所不同。同时，能力要求也受合同约定任务的影响。以下以建设单位驱动、全过程应用模式为例，介绍各方的能力要求建议，其他模式可参考执行。

（一）建设单位

作为项目的总组织、总集成和总协调者，全过程 BIM 应用给建设单位和代建单位也提出了新的能力要求，包括：BIM 应用策划、组织和控制能力；BIM 咨询单位、设计单位及施工单位等关键参与单位的选择能力；BIM 应用需求提出、成果检查和验收能力；BIM 创新应用的策划和组织实施能力等等。

（二）BIM 咨询单位

若采用全过程、全方位的 BIM 应用咨询，BIM 咨询单位应具备以下能力：BIM 建模、分析与应用策划和协调管理能力；工程咨询能力，包括专业技术能力、目标控制能力、组织协调能力等；基于 BIM 的信息化开发和应用能力，针对应用过程中一些软件问题和数据处理问题，能进行二次开发或者具有自主软件支撑；科研能力，为项目的创新应用提供课题研究和研发支持。

（三）设计单位

设计单位的 BIM 服务内容决定了其 BIM 能力要求。一般而言，设计单位应具备以下能力：BIM 建模和更新能力；基于 BIM 的性能分析及设计优化能力；有专业的 BIM 工作团队等等。

（四）施工总承包单位

施工总承包单位的 BIM 合同条款决定了对其能力的要求。一般而言，施工总承包单位应具备以下能力：BIM 建模和深化能力，包括建筑、结构和机电等所有相关专业；基于 BIM 的施工应用能力，例如施工模拟、4D 应用、工程量和造价计算等；必要的软硬件设备；相应 BIM 应用经验和专业的 BIM 工作团队。

（五）各分包单位

分包单位的 BIM 合同条款决定了对其能力的要求。一般而言，分包单位应具备以下能力：BIM 的建模和深化能力；基于 BIM 的专项深化应用能力，例如玻璃幕墙安装、精装修、智能化系统和医疗专项系统设计及安装等；必要的软硬件设备；相应 BIM 应用经验和专业的 BIM 工作团队。

（六）施工监理和财务监理

根据当前实际情况，施工监理和财务监理需要具有基本的 BIM 应用能力，包括具有基于 BIM 的质量管理、安全管理和造价管理能力等。

四、应用流程

BIM 总体应用流程主要关注流程和模型两个方面。在流程方面，强调策划及方案设计、初步设计、施工图设计、施工准备、施工及运维等各个阶段的 BIM 应用，以及关键检查点；在模型方面，不同阶段提供的模型类型会有所区别。建设工程项目在全生命周期中 BIM 应用的总流程如图 4-2 所示。

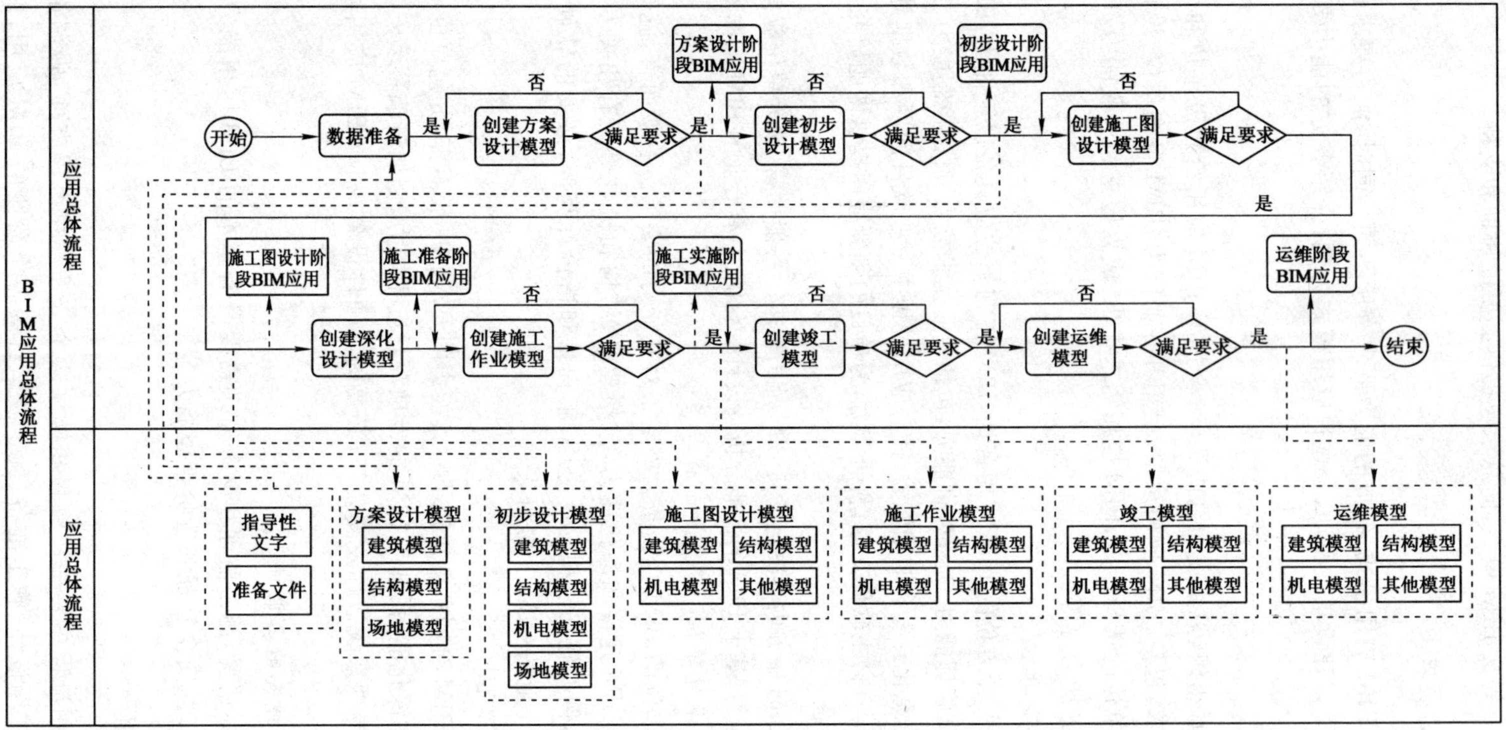

图 4-2 BIM应用总体流程

BIM 技术的总体应用流程可进一步细化为设计阶段、招标阶段、施工阶段和竣工及交付阶段等的工作流程。根据不同的应用模式和管理方式，建设单位可组织 BIM 咨询单位等编制各阶段的工作流程，以指导项目 BIM 应用工作。机电施工 BIM 应用主要包括深化设计、施工模拟、进度管理、质量管理、工厂加工、造价及竣工管理等，其 BIM 技术应用流程见图 4-3。

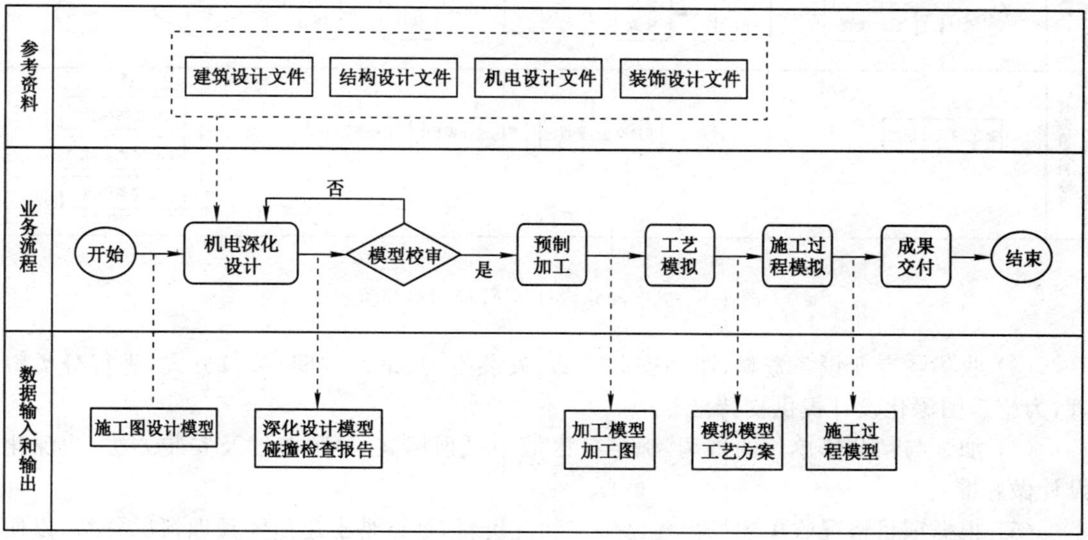

图 4-3　机电施工 BIM 技术应用流程

第三节　机电深化设计

一、机电深化设计

（一）机电深化设计 BIM 应用流程

机电深化设计 BIM 应用典型流程见图 4-4。

（二）机电深化设计 BIM 应用工作准备

首先，确定工程项目的深化设计 BIM 应用工作内容及进度计划，明确深化设计工作开展前提条件，所需人员组织结构、办公环境。明确如何查找项目相关图纸，如何处理图纸信息。以下准备工作完成以后，再开始深化设计工作：

1. 组建机电深化设计 BIM 团队

根据管理方的要求，结合项目特点和项目施工计划及深化设计进度计划，制定 BIM 进度计划，并根据计划配置人员，根据本项目特点有针对性地对人员进行培训。

2. 收集资料

（1）收集完整的结构、建筑、装饰等各专业设计图纸或 BIM 模型（如有提供）。

（2）收集完整的各机电专业设计图纸和技术资料，了解各个系统，积极与设计管理单位沟通协调，了解和把握设计意图。

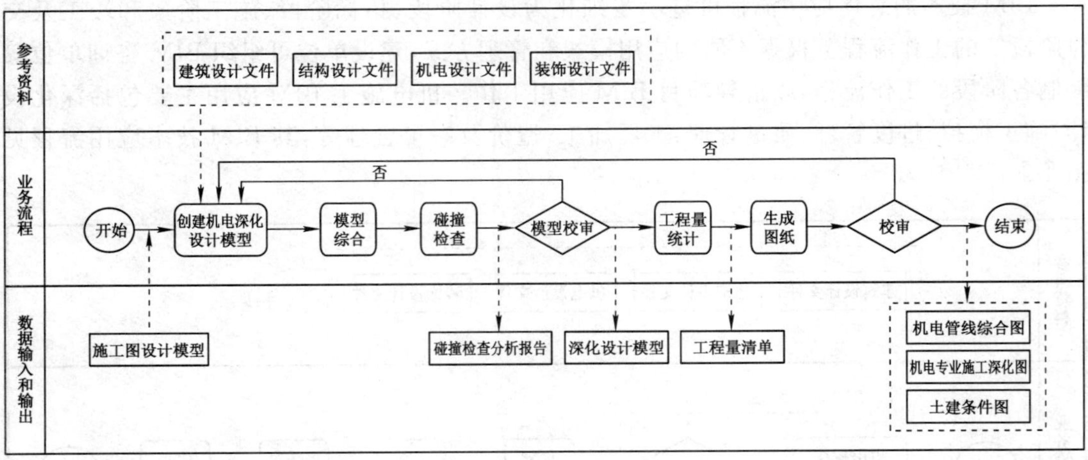

图 4-4　机电深化设计 BIM 应用典型流程

(3) 收集各专业设备资料,明确安装方式、安装空间、维修空间、接口方式,进行分类整理,为施工图深化设计提供支持。

(4) 加强与精装修单位的协调,确定各区域中吊顶标高、吊顶布置及安装方法,为深化设计做好准备。

(5) 根据项目情况收集现场土建已施工状况资料,重点是土建预留预埋情况资料,以便综合深化设计的正确布置,避免返工。

3. 明确规范和要求

加强与管理方的沟通与协调,充分理解所在项目地的设计和施工规范,明确 BIM 模型的标准和其他相关要求。

4. 软硬件配置

依据项目需求合理进行软硬件配置,建立并完善工作网络。

5. 制订计划

依据施工计划制订相应的 BIM 工作进度计划。

(三) 碰撞检测及三维管线综合

利用 BIM 软件,自动检测管线与管线之间、管线与建筑结构之间的冲突,发现实体模型对象占用同一空间("硬碰撞")或者是间距过小无法实现足够通路、安全、检修等功能问题("软碰撞"),然后通过调整管线、优化布局,解决所有"硬碰撞"和"软碰撞",最终完成三维管线综合。

1. 应用目的

碰撞检测及三维管线综合的主要目的是基于各专业模型,应用 BIM 三维可视化技术检查施工图设计阶段的碰撞,完成建筑项目设计。

图纸范围内各种管线布设与建筑、结构平面布置和竖向高程相协调的三维协同设计工作,尽可能减少碰撞,避免空间冲突,避免设计错误传递到施工阶段。同时应达到空间布局合理,比如重力管线延程的合理排布,以减少水头损失。

2. 应用流程

(1) 收集数据,并确保数据的准确性。

(2) 整合建筑、结构、给排水、暖通和电气等专业模型,形成整合的建筑信息模型。

(3) 设定碰撞检测及管线综合的基本原则,使用 BIM 三维碰撞检测软件和可视化技术,检查发现建筑信息模型中的冲突和碰撞,并进行三维管线综合。编写碰撞检测报告及管线综合报告,提交给建设单位确认后调整模型。其中,一般性调整或节点的设计工作,由设计单位修改解决;较大变更或变更量较大时,宜由建设单位协调后确定解决调整方案。对于二维施工图难以直观表达的造型、构件、系统等,建议提供三维模型辅助表达。

(4) 逐一调整模型,确保各专业之间的碰撞问题得到解决。

碰撞检测及三维管线综合 BIM 应用操作流程如图 4-5 所示。

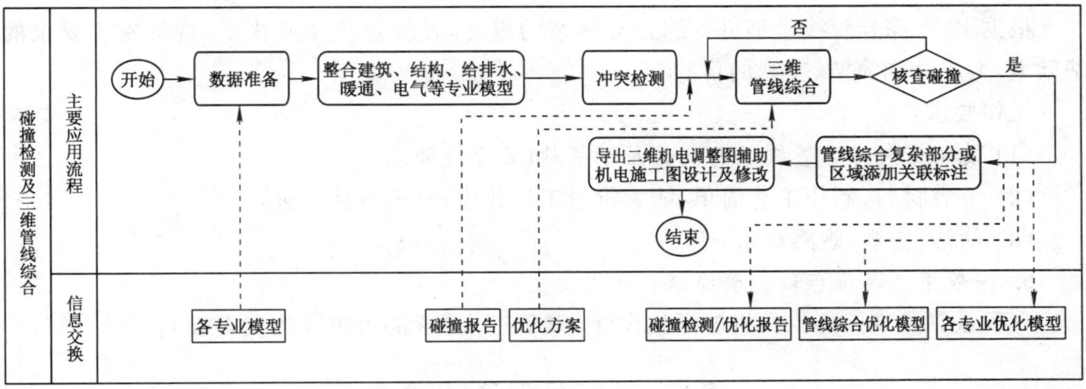

图 4-5　管线碰撞检测及三维管线综合 BIM 应用流程

3. 注意要点

调整后的各机电专业模型,模型深度和构件要求需要满足施工图设计阶段的各专业模型内容及其基本信息要求。碰撞检测报告中应详细记录调整前各专业模型之间的碰撞,记录碰撞检测及管线综合有关的基本原则及冲突和碰撞的解决方案,对空间冲突、管线综合优化前后进行对比说明。

4. BIM 综合管线布置原则

管线综合前,应明确管线综合的一般规范和原则。表 4-2 对审核通过的机电专业深化设计图(可由设计院直接提供)依据 BIM 建模软件进行各专业管线综合设计。

表 4-2　综合管线布置原则

序号	原则	具体内容
1	满足深化设计施工规范	机电管线综合不能违背各专业系统设计原意,保证各系统使用功能,同时,应满足业主对建筑空间的要求,满足建筑本身的使用功能要求。对于特殊建筑形式或特殊结构形式(如屋面钢结构桁架区域),还应该与专业设计沟通,对双方专业的特殊要求进行协调,保证双方的使用功能不受影响
2	合理利用空间	机电管线的布置应该在满足使用功能、路径合理、方便施工的原则下尽可能集中布置,系统主管线集中布置在公共区域(如走廊等)
3	满足施工和维护空间需求	充分考虑系统调试、检测和维修的要求,合理确定各种设备、管线、阀门和开关等的位置和距离,避免软碰撞

表 4-2(续)

序号	原则	具体内容
4	满足装饰需求	机电综合管线布置应充分考虑机电系统安装后能满足各区域的净空要求，无吊顶区域管线排布整齐、合理、美观
5	保证结构安全	机电管线需要穿梁穿一次结构墙体时，需充分与结构设计师沟通，绝对保障结构安全

注：管线综合协调过程中应根据实际情况综合布置。

5. 综合支吊架的设计与应用

根据BIM综合管线模型进行综合支吊架的设计，在满足各专业规范、现场施工要求的基础上，力求达到简洁、美观的目的。

工作要求：

(1) 能承受各专业管线的静荷载及动荷载(安全性要求)。

(2) 节省材料，制作工艺简单，能大批量工厂化生产(经济性要求)。

(3) 简洁、美观(观感要求)。

6. 一般重点及难点部位管线综合布置要求

一般重点及难点部位在机电深化设计BIM应用阶段的解决办法见表4-3。

表 4-3　重点及难点部位解决办法

序号	部位(系统)	重点及难点	解决办法
1	管线密集的吊顶区域管线综合	(1) 管线合理综合布置； (2) 无压管道(如冷凝水、卫生排水管等)合理布置及坡度要求； (3) 灯具和设备支吊架位置； (4) 检修口设置； (5) 机电管线安装净空间须满足吊顶高度控制要求	(1) 根据管线综合的原则，借助BIM的可视化效果，合理布置各专业管线； (2) 优化无压管道的走向，积极与装修单位沟通，有压管道避让无压管道； (3) 在BIM模型中合理设置设备灯具的支吊架，解决与其他管线的碰撞问题； (4) 合理设置检修口，管线避让，在满足检修口设备维修前提下尽量满足装修要求； (5) 合理布置机电管线，在BIM模型中模拟吊顶位置，如不满足条件，与设计协调部分管线穿梁或移至其他区域布置等，满足吊顶标高控制要求
2	管线密集的非吊顶区域管线综合(如地下车库机房出口密集处)	(1) 管线合理综合布置； (2) 观感要求； (3) 长距离输送管线的变形控制； (4) 非吊顶区域的净高控制要求	(1) 根据管线综合的原则，借助BIM的可视化效果，合理布置各专业管线； (2) 设置综合支吊架，各专业管线集中布置，在BIM模型中验证观感效果； (3) 与设计沟通，通过校核计算合理设置膨胀节、固定支架等； (4) 合理布置机电管线，如不满足条件，与设计协调部分管线修改路径，满足净高控制要求

表4-3(续)

序号	部位(系统)	重点及难点	解决办法
3	设备机房 (如空调机房)	(1) 维修空间预留； (2) 噪声控制； (3) 设备运输路线控制； (4) 观感要求	(1) 向生产厂家了解各设备的维修所需空间位置及尺寸； (2) 委托专业厂家对设备机房噪声控制方案进行深化设计； (3) 绘制设备运输路线图，提出建筑、结构等专业配合要求； (4) 绘制三维效果展示图及安装大样图，对各专业管线进行统一规划
4	管井	(1) 空间狭小管线密集； (2) 设备、管线综合布置； (3) 支架设置、维修空间预留	(1) 通过BIM设计建模，优化设备安装位置，确定施工次序； (2) 合理布置； (3) 在BIM模型中设置管道支吊架，验证合理性，并对管井检修空间进行三维模拟验证
5	公共区域	管线综合布置共同注意事项	(1) 要注意建筑标高及结构标高间的差别，不同区域标高的差别，混凝土结构梁的厚度，柱子大小，钢梁大小，是否有斜支撑等。 (2) 要注意保温层的厚度；管线、梁壁等的相互间安装要求；还应考虑管道的坡度要求等。不同专业管线间距离，尽量满足施工规范要求。 (3) 管线布置时，整个管线的布置过程中考虑到以后灯具、烟感探头、喷洒头等的安装空间，电气桥架放线的操作空间及以后设备阀门等维修空间，电缆布置的弯曲半径的要求等

(四) 各专业BIM协调

机电综合模型与土建、钢结构、幕墙、装饰等专业模型协调。

1. 与土建预留预埋配合

工作要求：

(1) 为保证机电的施工图纸准确，必须以审批通过的综合深化设计图纸为依据。

(2) 为保证机电施工的准确性，机电施工前应先对土建已经完成的预留预埋工作进行校核。

(3) 现场预留预埋产生的误差，要及时反映在各专业施工图与BIM模型中。

工作方法：

(1) 通过综合深化设计，首先进行项目一次结构的预留预埋孔、洞的预留，如部分现场已施工则应复核孔洞的位置，及时调整深化设计管线走向。

(2) 随项目施工进度，配合确定二次结构和预留预埋孔洞位置。

(3) 对现场预留预埋工作中产生的误差要及时调整管线，并反映在施工图与BIM模型中。

2. 与幕墙、装饰配合

根据整合精装模型，调整机电末端管线。通过BIM模型尽早协调幕墙模型、精装模型与机电模型间相互干涉情况，避免碰撞，减少返工。确保满足装修对吊顶高度、形式及吊顶上的器具点位的综合布置要求。

第四节 施工模拟

一、BIM 应用目的

基于 BIM 综合模型，对施工工艺进行三维可视化的模拟展示或探讨验证。模拟主要施工工序，协助各施工方合理组织施工并进行施工交底，从而进行有效的施工管理；对大型机电设备运输方案进行模拟，分析确定运输方案是否可行。验证施工方案、材料设备选型的合理性，协助施工人员充分理解和执行方案的要求。

二、BIM 应用流程及软件方案

在施工工艺模拟 BIM 应用中，可基于施工组织模型和施工图创建施工工艺模型，并将施工工艺信息与模型关联，输出资源配置计划、施工进度计划等，指导模型创建、视频制作、文档编制和方案交底。工艺模拟工作流程如图 4-6 所示。

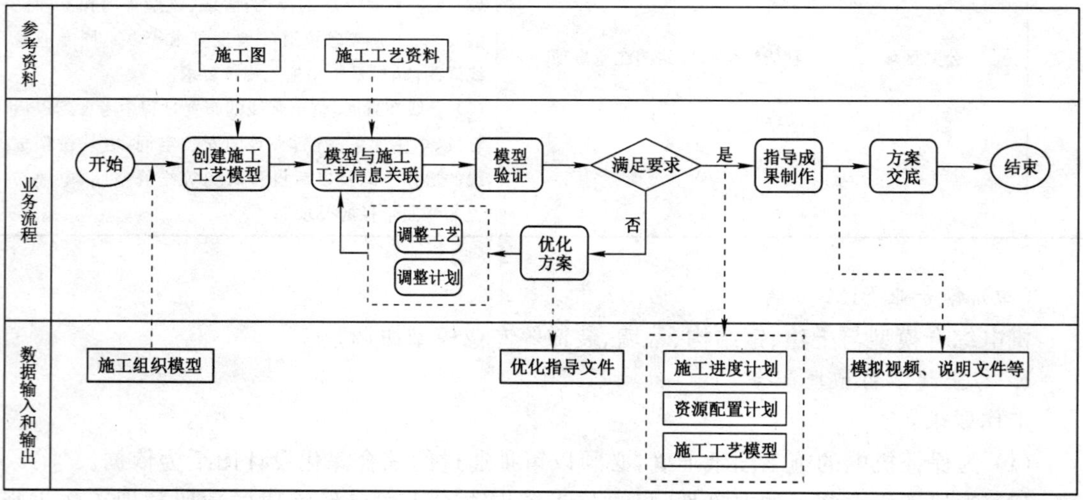

图 4-6 施工工艺模拟 BIM 应用典型流程

(1) 针对施工方案、工艺标准、技术交底等文件要求，对需要进行施工工艺模拟的构件或工序进行 Revit 建模和整合。应补充工艺模拟中所需元素及信息。

(2) 将 Revit 模型导出，生成 NWC 模型，在 Navisworks 软件中进行集合整理，通过软件对象动画功能，添加场景进行工序动画制作。最终进行三维模拟渲染或者工序动画演示等操作。

(3) 将生成的成果文件进行展示，并进行进一步探讨验证。最终，将模型应用在现场中指导施工。

软件应用方案如图 4-7 所示。

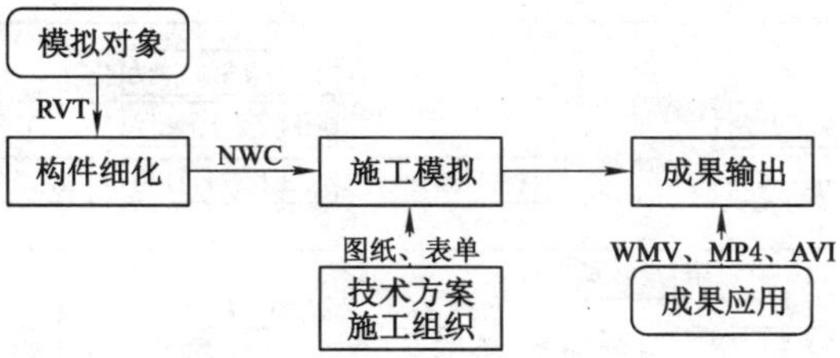

图 4-7　软件应用方案

三、BIM 应用内容

（一）大型设备运输及复杂构件安装模拟

大型设备运输及复杂构件安装工艺模拟时需综合分析柱、梁、板、墙、障碍物等因素，优化大型设备及构件进场时间点、吊装运输路径和预留孔洞等，通过 BIM 技术进行可视化展示或施工交底。

（二）重、难点施工方案及复杂节点施工工艺模拟

重、难点施工方案及复杂节点施工工艺模拟时需优化节点各构件尺寸、各构件之间的连接方式和空间要求，以及节点施工顺序，通过 BIM 技术进行可视化展示或施工交底。

第五节　施工工业化加工

一、机电工业化概念

机电工业化加工的基本产品单元是机电模块化产品，包含机电安装各专业的构件，如水泵、风管、法兰、阀门和支吊架等，可以划分为标准化和非标性产品，其非标性决定了不同项目间机电工业化加工产品的不可重复性，基于 BIM 的机电工业化产品加工在制造阶段会涉及多个工序、大量人员和设备，管理的复杂性也相应增加。目前通过管道预制生产线等数控加工新设备的引进、对已有设备的改造以及管理方式的变革等措施，具备了基于 BIM 机电数字化加工模型匹配的初步加工条件和能力。而在整个制造过程中，得益于施工模型数据的即时采集、传递、处理，并与 BIM 进行集成、分析、展现和存储等，使整个机电工业化加工制造过程做到较高的精确度。

基于深化设计模型和加工确认函、设计变更单、施工核定单、设计文件创建机电产品加工模型，基于专项加工方案和技术标准完成模型细部处理，基于材料采购计划提取模型工程量，基于工厂设备加工能力、生产计划及工期和资源计划完成预制加工模型的批次划分，基于工艺指导书等资料编制工艺文件，在构件生产和质量验收阶段形成构件生产的进度信息、成本信息和质量追溯信息，最终实现机电工业化加工 BIM 应用过程，保证模块化产品的质量，为后续产品的安装施工精度提高保障。

二、BIM 应用流程

机电工业化加工 BIM 应用流程如图 4-8 所示。

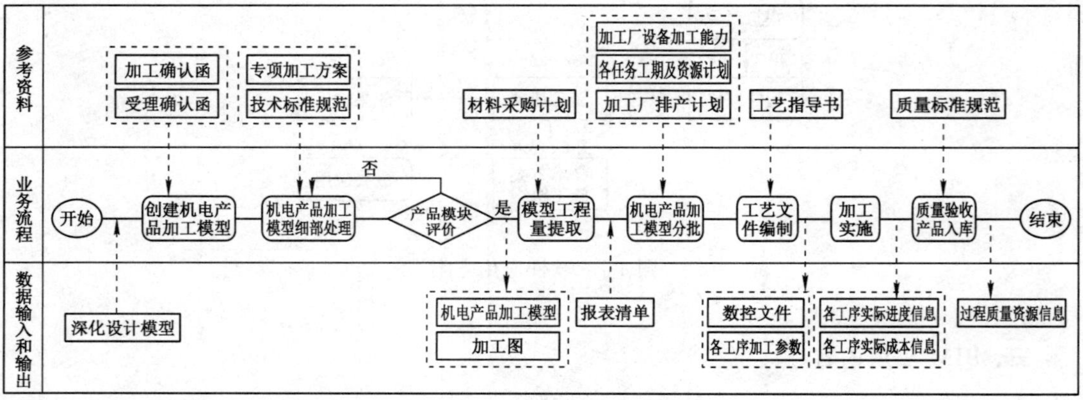

图 4-8 机电工业化加工 BIM 应用典型流程

机电产品加工 BIM 典型应用示意图包含了模块准备、模块加工、模块检验入库等环节。模块准备环节包含深化设计模型和设计文件导入，创建机电加工模型和进行产品模块评价；模块加工环节是基于机电加工模型提取工程量，结合工期计划及工厂加工生产能力等，对机电产品进行分批加工；模块检验入库环节将机电产品的质量、运输安装准备等信息及时附加或关联到模型中。通过机电模块化产品工序化管理，将创建的机电产品加工模型结合图纸信息、材料信息、进度信息转化为以工序为单位的制造信息，借助先进的数据采集手段和数字化加工设备，以机电产品加工模型作为信息交流的平台，通过施工过程信息的实时添加和反馈补充完善，最终产品通过质量验收入库，提高数据处理的效率和数字化加工的精准度，为机电产品高质量施工安装提供保障。

三、数据输入和软件方案

在深化设计阶段输入的 BIM 模型基础上，创建机电产品加工模型，同时需要进行数字化模块产品设计，包括模块划分、模块综合、模块编码和模块评价部分。按照模块的功能性差异划分成不同层次的模块，建立模块产品数据库，形成标准系列化产品。建筑机电空间环境根据产品规划和功能分析宜划分为空间、部位、部件三级模块，如图 4-9 所示。

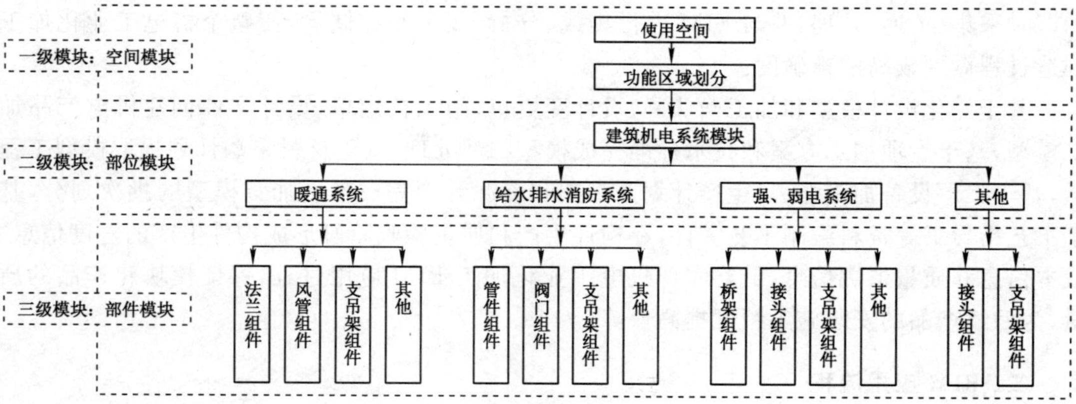

图 4-9 建筑机电模块划分示意图

按照机电类专业与非机电类专业的功能组合原则，选择具有不同功能区域的模块进行模块综合。按照模块编码的唯一性原则，对建筑机电系统各综合模块进行编码，包括空间、部位、部件三级模块的类别、名称，按表 4-4 采用。

表 4-4　建筑机电模块编码表

模块等级	主码(副码)		编码范围
一级模块：空间模块(A)	主码	空间模块编码	01～99
	(副码)	(功能区域编码)	(01～99)
二级模块：部位模块(B)	主码	部位模块编码	001～999
	(副码)	(分部位或部件编码)	(001～999)
三级模块：部件模块(C)	主码	部件模块编码	0001～9999① 或(字母＋三位数字)
	(副码)	(零件或组件编码)	0001～9999① 或(字母＋三位数字)

注：①该级的模块相对较多，为方便查询和区分，编码的第一位可以由字母代替，来表示模块的类别。

在选择数据录入采集的方式上，需要考虑的因素有很多：针对生产车间的关键节点，可以对加工设备的效率等进行实时监控，组织传感器网络向上层传递数据信息，反馈控制整个生产过程；在产品流水线上，可利用条形码技术和 RFID 读取流水线的产品信息，配合电子看板等在车间实时显示加工状况。现实中受限于生产环节的复杂性与环境的苛刻，除了 RFID、条码和传感器的采集模式之外，还可以利用人机交互的形式直接读取数据、利用现场设备如 PLC 和仪器仪表直接采集数据。

在数据采集的实施过程上，需要以企业自身为对象，将生产过程中的“人、机、料、法、环”环节进行综合分析，先将生产的基本进度信息、物料信息和质量信息做到采集准确，然后再根据产品生产的需求逐步深化，层层递进。针对当前机电安装行业普遍存在的自动化程度不高的现状，可以采用以条形码技术为主导的机电模块化产品管理方式。

机电工业化加工 BIM 应用的软件方案，以 Revit 模型为例，数字化加工的结果可以反馈到 BIM 模型中，对施工信息进行添加和更新操作。将 Revit、Magicad、Rebro 等软件的模型数据以 DXF 格式导入 Catia、Inventor、UG、Pro/E 等软件中进行模型细部处理，形成数字化加工模型数据，以 NC 模式实现机电产品的数字化加工过程。

机电工业化加工 BIM 应用，需要从 BIM 模型中提取加工用的数据信息。根据制造厂产能、设备、管理模式等条件，数据输入时需要考虑：

(1) 数据的编码应与实际管理模式相适应。针对不同的设备和管控方法，所需的数据格式与类型也不相同。

(2) 数据输入时，应做到以工序管理为基本落脚点，将数据采集和施工管理重心放在工序管理上。从 BIM 模型中获取加工数据，通过数据传输发送到各个工序，每个工序又将加工的结果反馈到模型中。

四、模型细度

机电加工模型元素在深化设计模型元素基础上，附加或关联生产信息、加工图、工序工艺、质检、运输安装准备等机电加工产品信息。目前深化设计 BIM 模型的精度只能达到施工图模型细度(LOD300),需要将深化设计的模块模型导入 Catia、Inventor、UG 等机械制造软件中进行进一步的细部处理,才能达到施工过程模型细度(LOD400)标准。表 4-5 为需要导入并进一步处理的模型细度表情况。

表 4-5　机电工业化加工模型细度

模型元素	模型元素信息	
给水排水管道、暖通风管、暖通水管、电气桥架、支吊架、设备基础等	几何信息	管道需要明确零件长度、材质、壁厚、连接方式(丝接:套丝长度;焊接:焊缝宽度、剂口形式、焊条型号)等。风管需要明确风管的长度、材质、壁厚、连接方式(型钢法兰连接:型钢壁号、打孔位置、焊接位置;共板法兰连接:角码尺寸、法兰夹尺寸、法兰外形尺寸)等。桥架需要明确桥架的外形尺寸、连接方式、零件数量。支吊架及设备基础需明确型钢型号、下料长度、连接方式、零件型号及数量等
	非几何信息	材质、厂家、安装位置等,具体参照工艺说明书

五、应用内容和应用成果

机电产品加工各环节利用 BIM 技术,可提供相应的 BIM,交付成果包含机电加工模型、加工图及产品模块相关技术参数等信息。具体指:

(1) 机电产品模块准备环节可提供机电加工制造模型和加工图等成果。

(2) 产品模块加工环节可提供数控文件、加工工序、工艺参数、加工进度和成本等成果。

(3) 产品模块检验环节可提供机电产品的质量、物流安装信息等成果。

(4) 基于模型的产品模块拆分、工艺设计、虚拟制造、预装配和性能评价。

(5) 提取记录和管理产品模块准备、数字化生产、产品物流运输和安装的信息数据。

(6) 设计信息和生产过程的可视化,产品加工的虚拟仿真,虚拟加工模块产品的装配仿真及虚拟加工过程中的人机协同作业等。

第六节　机电施工进度管理

通过进度计划管理软件编制而成的施工进度计划与 BIM 模型相结合,可以直观地将 BIM 模型和施工进度计划关联起来,自动生成模拟建造过程。对虚拟建造过程进行分析,合理调整施工进度,更好地控制现场施工与生产。

一、应用流程

机电施工进度管理 BIM 应用的基本流程:确定机电施工项目工作分解结构 WBS(work breakdown structure)对项目的范围和工作,自上而下有规则地分解,产生工作清单;预估每项工作所需的时间和费用,决定各工作之间的逻辑关系,应用 MS Project、P3/6 软件编制进度计划;将 MS Project、P3/6 进度计划导入 Navisworks,并与 BIM 模型相关联,形成 4D 进度管理模型;通过动画的方式表现进度安排情况,对项目工作面的分配、交叉及工序搭接之间的合理性进行直观检查和分析,利用进度模拟的成果对项目进度计划进行优化更新,形成施工过程演示模型和最终的进度计划,对施工进度进行管理,具体应用流程见图 4-10。

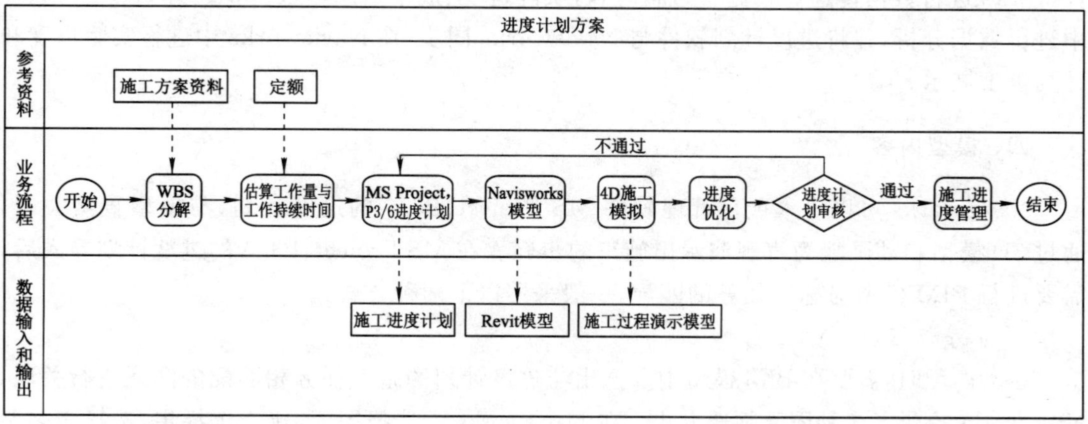

图 4-10　机电施工进度管理应用流程

二、软件方案

采用 Revit、Navisworks 和 MS Project、P3/6 进行机电施工进度计划管理，具体软件应用方案见图 4-11。

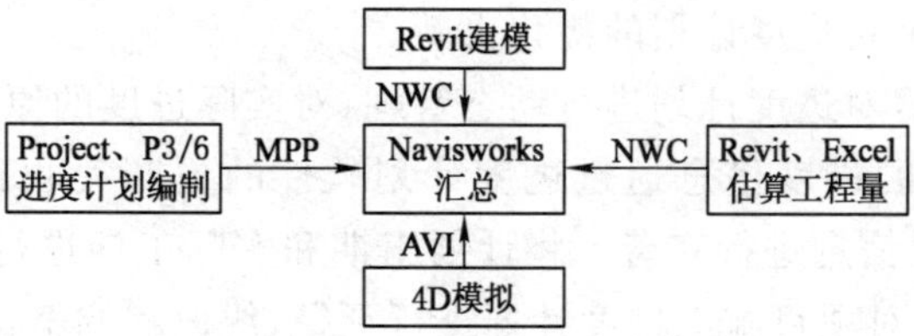

图 4-11　BIM 进度管理软件方案

利用 Revit 软件进行 BIM 建模，建模过程中记录图纸问题，并及时更新、管理模型。采用 MS Project、P3/6 进行进度计划编制，通过 Revit 模型导出明细表，导入 Excel 中估算工程量，工程量数据输入 Project、P3/6 中计算成本、劳动力，并进行资源平衡。利用 MS Project、P3/6 调整资源投入，优化进度工期直至满足工期需求。将进度计划导入 Navisworks 进行 4D 施工模拟，核查并优化进度计划。

三、数据输入

机电施工进度管理以 Autodesk、Revit 创建的信息化模型为基础，将 Revit 建立的各专业信息化模型导入 Navisworks，进行模型浏览、审查和碰撞检查，形成整体 BIM 模型。

MS Project、P3/6 软件编制的进度计划是在工程量估算的基础上，分配劳动力与机械，依据工程量与施工企业定额估算工作的持续时间。进度计划的编制要综合空间分析和施工顺序分析，建立工作分解结构 WBS，其工作清单应与模型、模型元素或信息相关联。对工作清单建立项目记账编码，用于费用、进度计划及实际消耗的记录，实现信息化管理。在 WBS 基础上创建的进度管理模型应与工程施工的区域划分、施工流程对应。

MS Project、P3/6 软件编制的进度计划以 MPP 格式，通过 Timeliner 模块直接与 Navisworks 进行数据传递。在施工过程时，将实际进度、成本信息输入 MS Project、P3/6 软件中进行数据分析，并将进度计划软件与 Navisworks 同步，在 Navisworks 中进行实际进度和计划进度展示。

四、模型内容

Navisworks 可以导入项目管理软件 MS Project、P3/6 的进度计划，与模型直接关联，通过 3D 模型和动画能力直观演示出施工的步骤。在 MS Project、P3/6 的进度计划导入后，需要进行 BIM 模型与施工任务的匹配，一般采用以下两种方式：

（一）手动匹配

手动匹配时，需要在 BIM 模型中筛选出与进度计划的施工任务相匹配的图元进行关联，Navisworks 提供了多种图元筛选方式。在 Navisworks 中选择图元，建立选择集，选择集名称与相对应的进度计划项一一对应，并附着图元。手动匹配的优势在于灵活、方便、操作简单。

（二）规则自动匹配

按规则进行自动匹配主要是依据模型的参数特点按照一定的规则对应到进度计划项上。自动匹配快捷方便，能在一定程度上降低匹配工作量，但是缺点是不够灵活，流程烦琐，一旦匹配错误难以修改。

完成施工任务匹配后的 BIM 模型被赋予了时间信息，形成了 4D-BIM 模型，能够直观地演示施工过程，进行项目进度计划的优化更新。

在项目实施过程中，对进度计划进行动态管理，对实际进度的原始数据进行收集、整理、统计和分析，并将实际的进度信息通过进度计划软件的更新关联到 BIM 模型中，对 4D-BIM 模型中的实际进度信息进行完善。将计划工期和实际工期进行对比分析，找出存在的差异，分析产生的原因，对项目施工进度计划进行预警、纠偏和调整，保证施工进度处于受控状态。

五、成果交付

基于 BIM 技术进行机电施工进度管理，在三维模型的基础上加上进度时间轴形成 4D 模型，形象直观地表达进度计划，能更快处理变更、快速进行方案检查、快速规划、分析建造过程，以及快速匹配估算工程量、施工持续时间、施工成本等数据。基于 BIM 技术的机电施工进度管理交付的成果包括施工过程演示模型和施工进度计划甘特图。

第七节　机电施工质量、安全管理

在质量管理 BIM 应用中，基于深化设计模型或预制加工模型创建质量管理模型，基于质量验收标准和施工资料标准确定质量验收计划，进行质量验收、质量问题处理、质量问题分析工作。

一、应用流程

基于 BIM 的质量管理业务流程如图 4-12 所示。

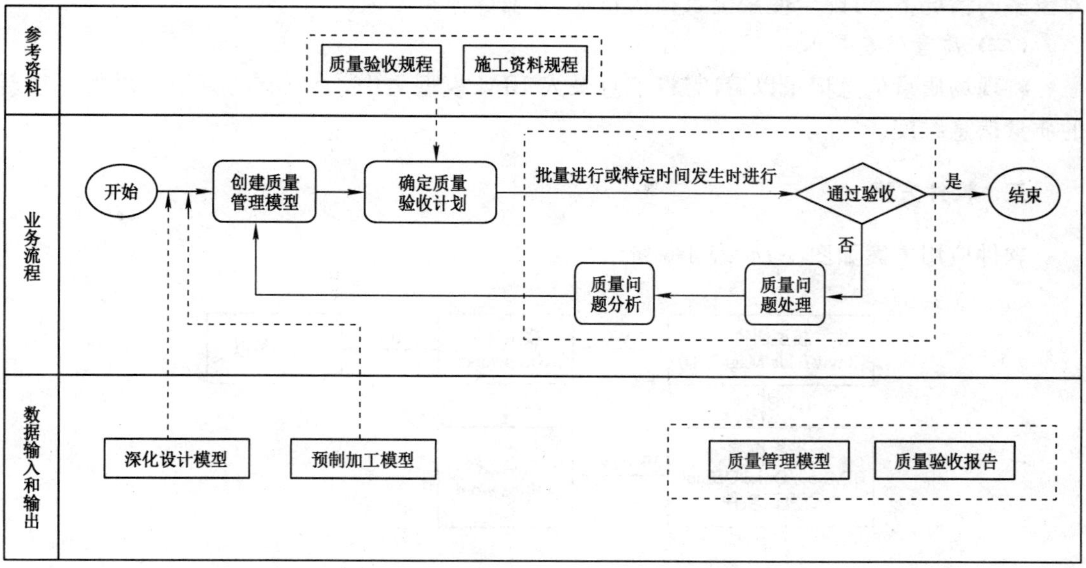

图 4-12　基于 BIM 的质量管理业务流程

二、数据输入

基于 BIM 实施的质量管理流程如图 4-13 所示。

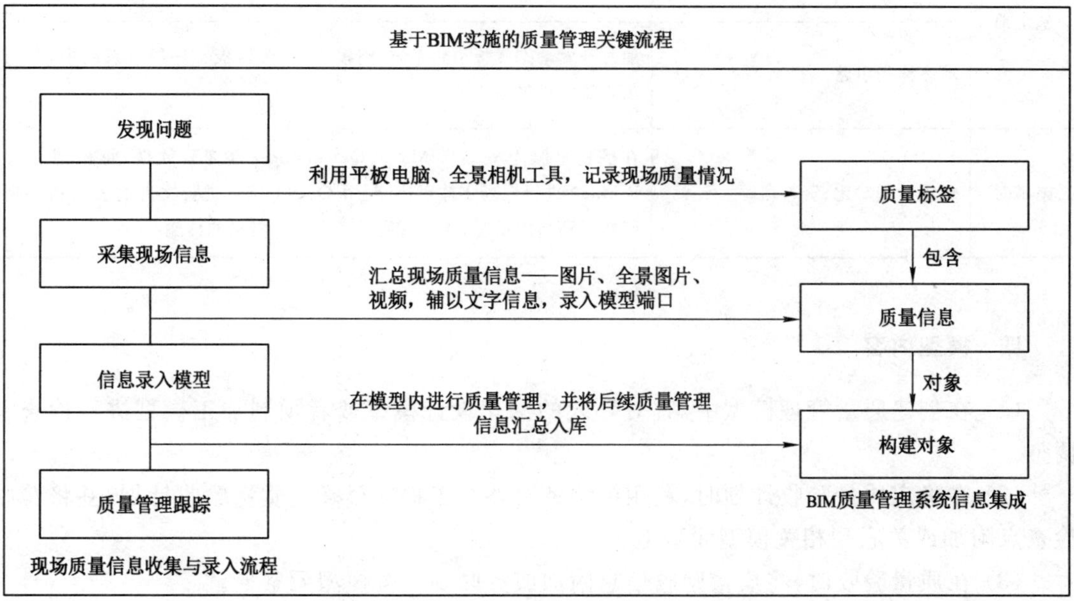

图 4-13　基于 BIM 实施的质量管理流程

（一）现场采集

基础采集方式包括数码相机等普通拍照的方式。在现场情况复杂、质量信息量大、涉及对象多的情况下，可配合使用全景扫描技术，并辅以视频影像。

（二）质量信息导入

将现场质量信息记录以后，需将信息录入 BIM 模型之中，为原有的模型再增加一项新的质量信息维度。

三、软件方案

软件应用方案如图 4-14、表 4-6 所示。

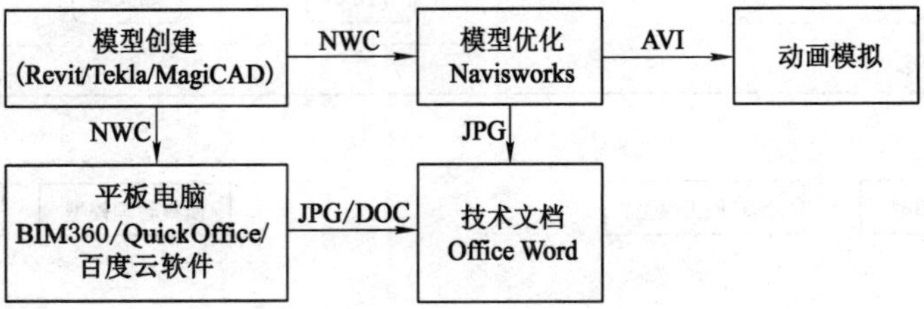

图 4-14　基于 BIM 的质量管理软件应用方案

表 4-6　基于 BIM 的质量管理软件工作内容

工作阶段	工作内容	软件解决方案
施工前	模型、动画辅助技术交底	利用 Revit、Tekla 等建模软件进行模型建立，利用 Navisworks 软件进行动画模拟，将模型截图放入技术交底，动画模拟进行交底会议沟通
	动态样板引路	通过开发动态样板引路系统，将模型、重要样板工序导入系统中，在现场布置触摸屏后直接使用
施工时	现场模型对比、资料填写	在平板电脑上安装 BIM360、QuickOffice、百度云软件，将模型导入 BIM360 进行现场实体对比，利用 QuickOffice 进行文件的查阅和整改问题等资料的填写，通过百度云服务进行资料的传输

四、模型内容

（1）在创建质量管理模型中，宜对导入的深化设计模型或者预制加工模型进行检查和调整。

（2）在确定质量验收计划时，利用模型针对整个工程项目确定质量验收计划，并将验收检查点附加或关联到相关模型元素上。

（3）在质量验收时，将质量验收信息附加或关联到相关模型元素上。

（4）在质量问题处理时，将质量问题处理信息附加或关联到相关模型元素上。

（5）在质量问题分析时，利用模型按部位、时间、施工人员等汇总和展示质量信息。

质量管理模型元素在深化设计模型元素或者预制加工模型元素基础上，附加或者关联质量管理信息可参考表 4-7。

表 4-7　质量管理模型元素及信息

模型元素类型	模型元素及信息
上游模型	深化设计模型或预制加工模型元素及信息
分部分项工程质量管理	分部分项工程的划分应符合现行国家标准《建筑工程施工质量验收统一标准》(GB 50300—2013)的规定。 非几何信息应包括： (1) 质量控制资料：原材料合格证及进场检验实验报告、材料设备实验报告、隐蔽工程验收记录、施工记录及实验记录； (2) 功能检验资料：各分项工程试验记录材料等； (3) 观感质量检查记录：各分项工程观感质量验收记录； (4) 质量验收记录：检验批质量验收、分项工程质量验收记录、分部(子分部)工程质量验收记录等

五、成果交付

成果交付包括质量管理模型、质量验收报告、模型使用说明等。

六、安全管理

安全管理是企业生产管理的重要组成部分，安全管理的对象是生产中的一切人、物、环境等的状态管理与控制，安全控制是一种动态管理。

BIM 技术不仅可以通过施工模拟提前识别施工过程中的安全风险，而且可以利用多维模型让管理人员直观了解项目动态的施工过程，进行危险识别和安全风险评估。并且，基于 BIM 技术的施工管理可以保证不同阶段、不同参与方之间信息的集成和共享，保证施工阶段所需信息的准确性和完整性，有利于施工安全管理。

利用 BIM 技术进行安全管理，需注意以下要点：

(1) 需要提前对工人进行基于 BIM 的安全管理技术交底，进行开工前的培训，或为工人实际操作提供参考，从而减少操作失误，避免安全事故的发生。

(2) 现场施工管理人员需要实时将现场问题进行拍照、对问题进行描述上传相应平台，有效地跟踪安全问题，任务信息共享，辅助安全管理。

安全管理的 BIM 应用流程如图 4-15 所示。

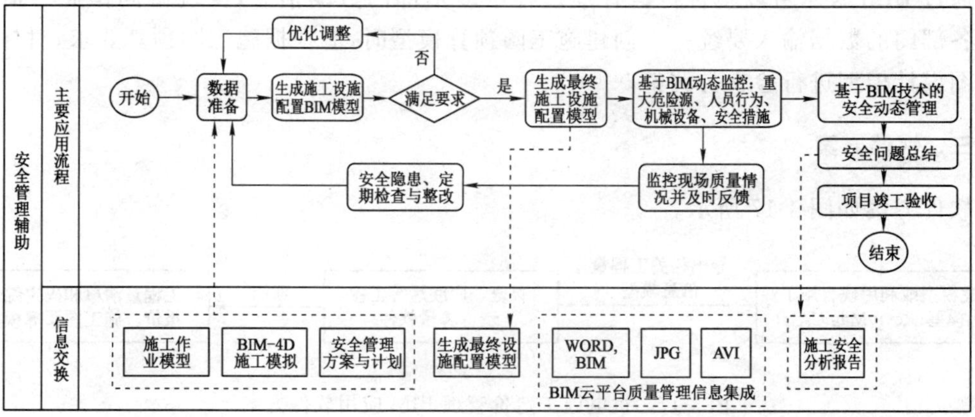

图 4-15　安全管理 BIM 应用流程

第八节 机电施工造价管理

施工图预算中的工程量清单项目确定、工程量计算、分部分项计价、工程总造价计算宜应用BIM技术。

一、应用流程

机电施工造价管理BIM应用流程如图4-16所示。

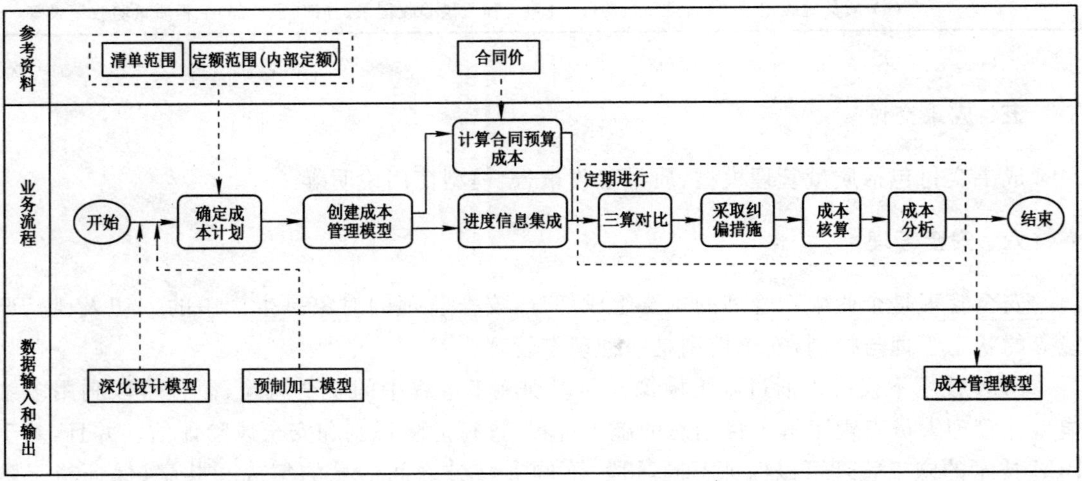

图4-16 机电施工造价管理BIM应用流程

二、数据输入

（一）建立材料编码体系

对材料进行分类与编码以及规范化、标准化管理。

（二）规范数据输入

通过BIM技术可以整合材料管理过程中多个部门数据信息，实现协同作业与信息共享。各部门的数据输入要统一。创建施工图预算模型时，应根据施工图预算要求，对导入的施工图设计模型进行检查与调整。

三、软件方案

软件方案如图4-17所示。

图4-17 机电施工造价管理BIM应用软件方案

四、模型内容

(1) 确定工程量清单项目和计算工程量时，应针对相关模型元素识别工程量清单项目并计算其工程量。

(2) 分部分项计价时，应针对每个工程量清单项目根据定额确定综合单价，并在此基础上计算相关模型元素的成本。

(3) 在施工图预算 BIM 应用中，施工图预算模型宜在施工图设计模型基础上，附加或关联预算信息。其内容宜符合表 4-8 的规定。

表 4-8　施工图预算模型元素

模型元素类型	模型元素及信息
上游模型	施工图设计模型元素及信息
机电	机电设备规格、型号、材质、安装或敷设方式等信息，大型设备还应具有相应的荷载信息
工程量清单项目	措施项目、规费、税金、利润等。工程量清单项目的预算成本，工程量清单项目与模型元素的对应关系，工程量清单项目对应的定额项目，工程量清单项目对应的人机材量，工程量清单项目的综合单价

五、成果交付

(1) 工程量统计表、成本管理模型、成本分析报告等。

(2) 施工图预算 BIM 应用交付成果包括招标控制价、招标预算工程量清单、招标报价单等。

第九节　竣工管理

基于 BIM 的竣工管理与传统的竣工验收不同。基于 BIM 的竣工管理，需项目的各参与方根据施工现场的实际情况将工程信息实时输入 BIM 模型中，并且信息输入人员须对自己输入的数据进行检查并负责。在施工过程中，分部分项工程的质量验收资料、设计变更单、工程洽商等都要以数据的形式存储并关联到 BIM 模型中，需根据交付规定对工程信息进行过滤筛选，不包含冗余的信息。

一、竣工验收 BIM 应用流程

工程过程资料及竣工资料涵盖了工程从立项、开工到竣工备案所有的工程信息，包含立项审批、设计勘察、招投标、合同管理、监理管理、施工技术、施工现场、施工物资、施工试验、竣工验收、竣工备案等信息。

(一) 工程验收及竣工交付工作流程

检验批验收与工程资料的形成及审核流程如图 4-18 所示，分项工程验收与工程资料的形成及审核流程如图 4-19 所示，分部(子分部)工程验收与工程资料的形成及审核流程如图 4-20 所示，单位(子单位)工程验收与工程资料的形成及审核流程如图 4-21 所示。

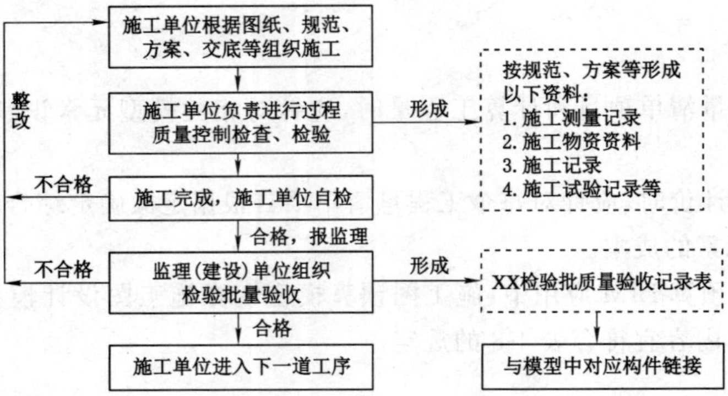

图 4-18　检验批验收与工程资料的形成及审核流程

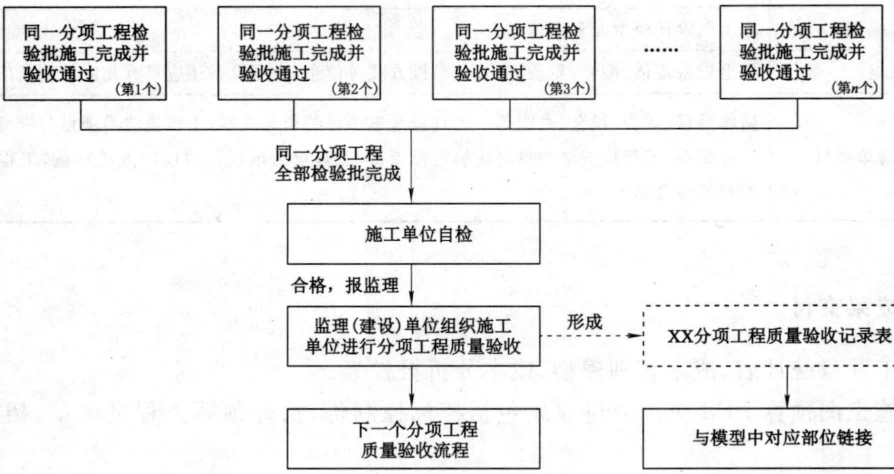

图 4-19　分项工程验收与工程资料的形成及审核流程

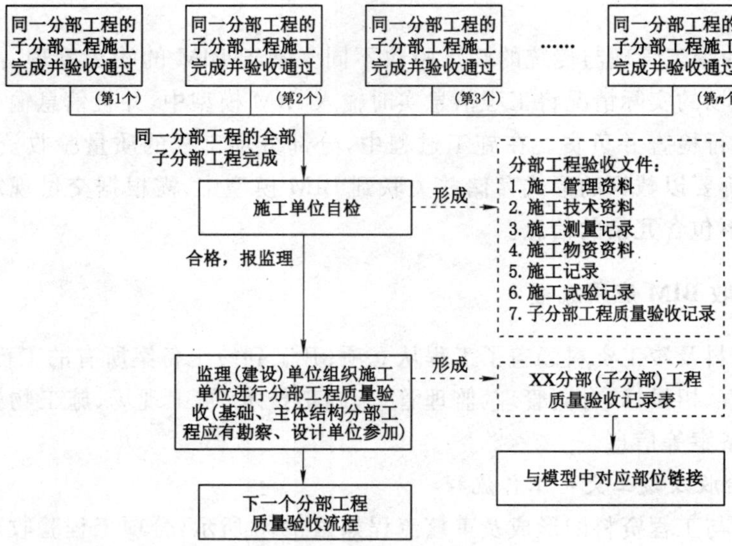

图 4-20　分部(子分部)工程验收与工程资料的形成及审核流程

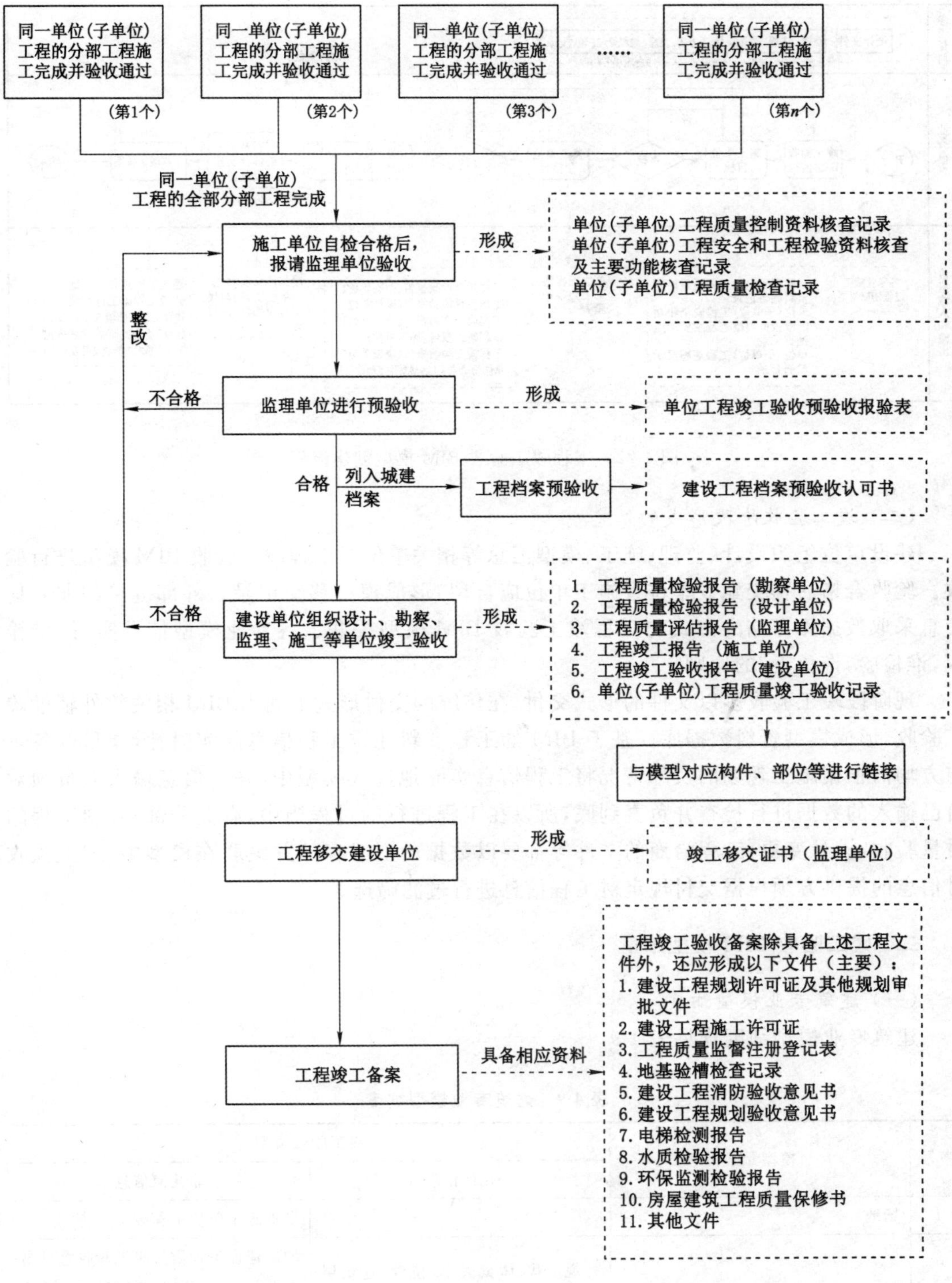

图 4-21　单位(子单位)工程验收与工程资料的形成及审核流程

工程竣工 BIM 模型在分部(子分部)工程 BIM 模型基础上，对其进行整合及文件链接，最终形成工程竣工验收 BIM 模型，其流程如图 4-22 所示。

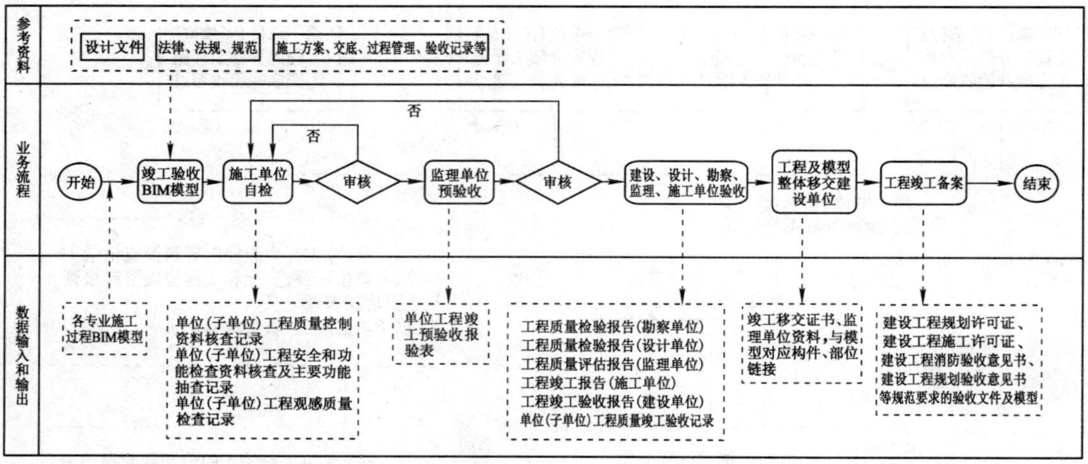

图 4-22 工程竣工验收 BIM 模型创建流程

(二)竣工验收阶段形成的信息

建设单位组织设计、监理、施工、模型汇总等相关单位对工程竣工验收 BIM 模型进行验收。验收合格后移交建设单位且施工单位应自留,形成模型移交记录。外部链接的非几何信息采取数据库存储的方式与工程竣工验收 BIM 模型关联。各专业模型信息实行“谁输入,谁检验,谁负责”的原则。

现阶段竣工验收多以文件的形式交付,在传统的交付形式上利用 BIM 相关软件辅助竣工验收,形成模型资料数据库。基于 BIM 的工程资料注重工程信息的实时性,项目的各参与方均需根据施工现场的实际情况将工程信息实时地输入模型中,并且信息输入人员须对自己输入的数据进行检查并负责到底,所以在工程进行的过程当中,有关分部、分项工程的质量验收,设计变更、工程洽商的文件等都要以数据的形式存储并关联在模型中,竣工验收时信息的提供方须根据交付规定对工程信息进行过滤筛选。

二、竣工验收 BIM 模型细度

(一)建筑专业模型细度

建筑专业模型细度详见表 4-9。

表 4-9 建筑专业模型细度

序号	模型元素	竣工验收模型	
		几何信息	非几何信息
1	场地	—	增加施工单位工程竣工报告等
2	建筑物主体	外观形状、体量大小、位置、建筑层数、高度、基本功能分隔构件、建筑轴线、建筑标高等	增加建设工程质量竣工验收意见书或单位(子单位)工程质量竣工验收记录、模型使用手册(注:所有非几何信息采用链接的方式)

表 4-9(续)

序号	模型元素	竣工验收模型	
		几何信息	非几何信息
3	主体建筑构件(楼地面、柱、外墙、外幕墙、屋顶、内墙、门窗、楼梯、坡道、电梯、管井等)	几何尺寸、定位信息;根据施工图需要进行屋面面层及设备基础的仿真排布	(1) 构造做法、工艺要求等; (2) 设计变更及工程洽商信息; (3) 根据工程需要增添二次结构、门窗、幕墙、电梯等厂家信息、安装单位信息、分部分项质量验收信息等
4	次要建筑构件(构造柱、过梁、基础、排水沟、集水坑等)	几何尺寸、定位信息	(1) 构造做法、工艺要求等; (2) 设计变更及工程洽商信息
5	建筑设施(卫浴、厨房设施等)	几何尺寸、定位信息	(1) 构造做法、工艺要求等; (2) 设计变更及工程洽商信息; (3) 根据工程需要增加厂家或供应商信息、维保信息等
6	主要建筑细部(栏杆、扶手、装饰构件、功能性构件如:防水防潮、保温、隔声吸声构件)	几何尺寸、定位信息; 对于重点部位的装饰构件(如吊顶、石材等)进行建模	(1) 构造做法、工艺要求等; (2) 设计变更及工程洽商信息; (3) 根据工程需要增加厂家或供应商信息、维保信息等

(二) 结构(钢结构)专业模型细度

结构(钢结构)专业模型细度详见表 4-10。

表 4-10　结构(钢结构)专业模型细度

序号	模型元素	竣工验收模型	
		几何信息	非几何信息
1	结构主体	构件布置位置、结构留缝、结构层数、结构高度等	(1) 增加单位(子单位)工程质量控制资料核查记录(质量保证资料审查记录); (2) 增加单位(子单位)工程安全和功能检验资料核查及主要功能抽查记录; (3) 增加单位(子单位)工程观感质量检查记录(观感质量评定表)
2	主体结构构件(结构梁、结构板、结构柱、结构墙、水平及竖向支撑等的基本布置及截面等)	几何尺寸、定位信息; 对于构件(含预制构件)根据项目管理需求,绘制细节	增加有关安全和功能的检测资料;主要功能项目的抽查结果资料
3	次要结构构件(楼梯、坡道、排水沟、集水坑等)	几何尺寸、定位信息	(1) 构造做法、工艺要求等; (2) 设计变更及工程洽商信息; (3) 根据工程需要增加子分部工程及分项工程的质量控制资料; (4) 重要质量、安全、物资类管理资料

表 4-10(续)

序号	模型元素	竣工验收模型	
		几何信息	非几何信息
4	基础(桩、筏板、独立基础等)	类型、几何尺寸、定位信息	(1) 构造做法、工艺要求等; (2) 设计变更及工程洽商信息; (3) 根据工程需要增加子分部工程及分项工程的质量控制资料; (4) 根据工程需要增加子分部工程及分项工程的质量控制资料; (5) 重要质量、安全、物质类管理资料
5	钢结构构件	几何尺寸、定位信息、节点大样几何尺寸、连接件样式及做法、预埋件,焊接件定位及外形尺寸	(1) 构造做法、工艺要求等; (2) 设计变更及工程洽商信息; (3) 根据工程需要增加子分部工程及分项工程的质量控制资料; (4) 重要质量、安全、物质类管理资料
6	空间结构(桁架、网架)	构件截面、网格尺寸、高度、定位等	(1) 构造做法、工艺要求等; (2) 设计变更及工程洽商信息; (3) 根据工程需要增加子分部工程及分项工程的质量控制资料; (4) 重要质量、安全、物质类管理资料
7	预留洞口和隐蔽工程	几何尺寸、定位信息	(1) 设计变更及工程洽商信息; (2) 安全管控信息; (3) 相应隐蔽工程质量管控信息、质量验收信息

(三) 给水排水系统模型细度

给水排水系统模型细度详见表 4-11。

表 4-11　给水排水系统模型细度

序号	模型元素	竣工验收模型	
		几何信息	非几何信息
给排水系统	管道、管件、安装附件、阀门、仪表、水泵、喷头、卫生器具、地漏、设备、电子水位警报装置	(1) 施工过程模型中所包含的几何信息; (2) 管道末端(设备、喷头、洁具等)的位置; (3) 所有管道上阀门及附件的位置	(1) 施工过程模型中所包含的非几何信息; (2) 末端设备、喷头、洁具等的规格、型号; (3) 所有管道上的阀部件的规格、型号; (4) 机房内所有设备的参数信息及维保相关的联系信息; (5) 其他重点设备的参数信息及维保相关的联系信息

(四) 通风空调系统模型细度

通风空调系统模型细度详见表 4-12。

表 4-12　通风空调系统模型细度

序号	模型元素	竣工验收模型	
		几何信息	非几何信息
1 空调风系统	风管、风口、末端、阀门、风机、空调箱	(1) 施工过程模型中所包含的几何信息； (2) 管道末端（设备、风口、风机等）的位置； (3) 所有管道上阀门及附件的位置	(1) 施工过程模型中所包含的非几何信息； (2) 末端设备、风口、风机等的规格、型号； (3) 所有管道上的阀部件的规格、型号； (4) 机房内所有设备的参数信息及维保相关的联系信息； (5) 其他重点设备的参数信息及维保相关的联系信息
2 空调水系统	暖通水管道、阀门、仪表、水泵、锅炉、冷却塔、板式热交换器、风机盘管	(1) 施工过程模型中所包含的几何信息； (2) 管道末端（风机盘管）的位置； (3) 所有管道上阀门及附件的位置	(1) 施工过程模型中所包含的非几何信息； (2) 末端风机盘管的规格、型号； (3) 所有管道上的阀部件的规格、型号； (4) 机房内所有设备的参数信息及维保相关的联系信息； (5) 其他重点设备的参数信息及维保相关的联系信息

（五）电气系统模型细度

电气系统模型细度详见表 4-13。

表 4-13　电气系统模型细度

序号	模型元素	竣工验收模型	
		几何信息	非几何信息
1. 强电系统	桥架、柴油发电机、柴油罐、变压器、开关柜、灯具、母线、开关插座、消防设备、灭火器、报警装置、安装附件、监测设备、终端设备、接地装置、测试点、断接卡	施工过程模型中所包含的几何信息	(1) 施工过程模型中所包含的非几何信息； (2) 末端设备的规格、型号； (3) 所有管路上的阀部件的规格、型号； (4) 机房内所有设备的参数信息及维保相关的联系信息； (5) 其他重点设备的参数信息及维保相关的联系信息
2. 弱电系统	通信设备、机柜、监控设备机柜、通信设备工作台、路闸、智能设备	施工过程模型中所包含的几何信息	(1) 施工过程模型中所包含的非几何信息； (2) 末端设备的规格、型号； (3) 所有管路上的阀部件的规格、型号； (4) 机房内所有设备的参数信息及维保相关的联系信息； (5) 其他重点设备的参数信息及维保相关的联系信息

三、竣工验收 BIM 成果交付

(一) BIM 成果交付形式

竣工信息以 BIM 模型的方式进行交付,信息交付由接收方确定和核对,形成模型信息交接单。

1. 模型文件

模型成果主要包括建筑、结构、机电、钢结构和幕墙等专业所创建的模型文件,以及各专业整合模型。

2. 文档格式

在 BIM 技术应用过程中所产生的各种分析报告等由 Word、Excel、PowerPoint 等办公软件生成的相应格式的文件,在交付时统一转换为 pdf 格式。

3. 图形文件

主要是指按照施工项目要求,针对指定位置经 Autodesk Navisworks 软件等进行渲染生成的图片,格式为 jpg。

4. 动画文件

BIM 技术应用过程中基于 Autodesk Navisworks 软件等按照施工项目要求进行漫游、模拟,通过录屏软件录制生成的 avi 格式视频文件。

(二) 针对本企业的 BIM 成果交付

BIM 成果交付包括:各专业 BIM 模型的最新版本及整合后的 BIM 模型。模型信息按照《建筑工程资料管理规程》要求,主要为 C 类资料,详见表 4-14。

表 4-14　针对本企业的 BIM 成果交付内容

类别编号	工程资料名称
决策立项文件 A1	(1) 项目建议书(代可行性研究报告)
	(2) 项目建议书(代可行性研究报告)的批复文件
	(3) 关于立项的会议纪要、领导批示
	(4) 专家对项目的有关建议文件
	(5) 项目评估研究资料
建设用地文件 A2	(1) 规划意见
	(2) 建设用地规划许可证
	(3) 国有土地使用证
	(4) 城镇建设用地批准书
勘察设计文件 A3	(1) 工程地质勘察资料
	(2) 设计方案审查意见
	(3) 初步设计及说明
	(4) 施工图审查通知书
	(5) 设计中标模型及初步设计模型

表4-14(续)

类别编号	工程资料名称
竣工验收及备案文件A7	(1) 建设工程竣工验收备案文件
	(2) 工程竣工验收报告
	(3) 建设工程规划、消防等部门的验收合格文件
其他文件A8	(1) 工程未开工前的原貌、竣工新貌照片
	(2) 工程开工、施工、竣工的录音录像资料
	(3) 建设工程概况
	(4) 工程项目质量管理人员名册
B类资料	(1) 见证资料
	(2) 监理通知
	(3) 监理抽检记录
	(4) 不合格项处置记录
	(5) 旁站监理记录
	(6) 质量事故报告及处理资料
	(7) 工程质量评估报告
	(8) 工程变更单

BIM成果交付要求：

(1) 模型和构件尺寸形状及位置准确无误，避免重叠构件。

(2) 制定统一的模型文件、构件、空间、区域的命名规范，标高准则，对象分组原则，不得杂乱无序。

(3) 所有构件均有明确详细的几何信息和非几何信息，数据信息完整规范，减少累赘。

(4) 所有的机电设备、办公家具有简要模型。

(5) BIM模型生成详细的工程量清单表，汇总梳理后与造价咨询公司采用广联达、鲁班等预算软件做的清单对照检查，出结论报告。

(6) 主要功能房、设备房及外立面有渲染图片，室外及室内各个楼层均有漫游动画。

(7) 提交有价值的碰撞检测报告，含有硬碰撞和间隙碰撞。

(8) 创建BIM施工模型，含塔吊、脚手架、升降机、临时设施、围墙、出入口等，每月更新施工进度，提交重点难点部位的施工建议、作业流程。

(9) 提供平板电脑，随时随地对照检查施工现场是否与BIM模型一致，便于甲方、监理的现场管理。

(10) 可选择性提供BIM模型分析报告、建筑性能及环境分析(采光、通风、能耗、人流等)报告等。

(11) 由BIM模型生成若干个平面、立面、剖面图纸及表格，特别是构件复杂、管线繁多部位出具详图，且符合《建筑工程设计文件编制深度规定》的要求。

(三) 针对业主的BIM成果交付

BIM成果交付包括各专业BIM模型的最新版本及整合后的BIM模型、碰撞检查分析报告、工程量清单、机电深化设计图等。机电深化设计图内容详见表4-15。

表 4-15　机电深化设计图内容

序号	名　称	内　容
1	管线综合图	图纸目录、设计说明、综合管线平面图、综合管线剖面图、区域净空图、综合天花图
2	综合预留预埋图	目录、建筑结构一次留洞图、二次砌筑留洞图、电气管线预埋图
3	设备运输路线图及相关专业配合条件图	目录、设备运输路线图、相关专业配合条件图
4	机电专业施工图	目录、设计说明、各专业深化施工图
5	局部详图、大样图	图纸目录、机房、管井、管廊、卫生间、厨房、支架、室外管井和沟槽详图、安装大样图

（四）针对档案馆的 BIM 成果交付

BIM 成果交付包括各专业 BIM 模型的最新版本及整合后的 BIM 模型。模型信息按照《建筑工程资料管理规程》要求，主要为 A 类及部分 B 类、C 类资料，详见表 4-16。

表 4-16　针对档案馆的 BIM 成果交付内容

类别编号	工程资料名称
决策立项文件 A1	(1) 项目建议书(代可行性研究报告)
	(2) 项目建议书(代可行性研究报告)的批复文件
	(3) 关于立项的会议纪要、领导批示
	(4) 专家对项目的有关建议文件
	(5) 项目评估研究资料
建设用地文件 A2	(1) 规划意见
	(2) 建设用地规划许可证
	(3) 国有土地使用证
	(4) 城镇建设用地批准书
勘察设计文件 A3	(1) 工程地质勘察资料
	(2) 设计方案审查意见
	(3) 初步设计及说明
	(4) 施工图审查通知书
	(5) 设计中标模型及初步设计模型
开工文件 A5	规划许可证、施工许可证
竣工验收及备案文件 A7	(1) 建设工程竣工验收备案文件
	(2) 工程竣工验收报告
	(3) 建设工程规划、消防等部门的验收合格文件
其他文件 A8	(1) 工程未开工前的原貌、竣工新貌照片
	(2) 工程开工、施工、竣工的录音录像资料
	(3) 建设工程概况
	(4) 工程项目质量管理人员名册

表 4-16(续)

类别编号	工程资料名称
B类资料	(1) 质量事故报告及处理资料
	(2) 工程质量评估报告
	(3) 工程变更单
	(4) 竣工移交证书
施工技术资料 C2	(1) 图纸会审记录
	(2) 设计变更通知单
	(3) 工程变更洽商记录
施工记录 C7	分部(子分部)工程验收记录表
竣工质量验收资料 C8	(1) 单位(子单位)工程质量竣工验收记录
	(2) 单位(子单位)工程质量控制资料核查记录
	(3) 单位(子单位)工程观感质量检查记录
	(4) 室内环境检测报告
	(5) 工程竣工质量报告
	(6) 建筑节能工程现场实体检验报告

第五章 建筑直流供电技术

第一节 建筑直流供电概述

一、建筑直流供电意义

直流供电相比交流供电，具有损耗小、便于新能源接入和储能单元备用等优点。随着常规能源的紧缺，建筑供电源逐步朝多种类、可持续的方向发展，未来以光伏、分散式风电及其他可再生能源占比将达到 50%以上，如光伏建筑一体化(building integrated PV，BIPV)、建筑用风力涡轮发电、家用燃料电池发电系统等分布式发电源均取得长足发展，这些电源产生的电能大部分为直流电，并入传统交流电网时需要经过逆变环节，带来额外损耗，且分布式电源并入直流配电网可以节省大量的换流器件。另一方面，现代建筑用电设备逐步趋向使用直流电或含直流环节的电能变换器，特别是伴随互联网和物联网的发展，智能建筑中出现了大量的 ICT(information，communication，technology)测试设备、LED 照明设备、空调水泵等变频设备，采用交流为其供电时都先经 AC/DC 变换，变成直流后才能工作。由于成本和技术的限制，上述装置普遍存在功率因数低、谐波大等特点，大量使用时容易引起电压畸变、三相不平衡等电能质量问题。

目前，储能、UPS、电动汽车充电设施等逐步在建筑中普及，上述装置同样面临交直流之间转换问题。如果在建筑中引入直流供电，可节省大量换流环节，而且不需要进行相位和频率跟踪，上述问题均可以迎刃而解。目前，以直流或交直流混合的方式形成建筑供电系统或微电网，正成为建筑用电的研究方向，特别是交直流混合供电模式，因其能够很好地兼顾新型直流“源-荷-储”的发展和现有交流系统的需求，将是直流供电建筑初期甚至较长的时期需要经历的重要发展阶段。

随着城市人口密度不断上升，负荷密集区用电量不断加大，原有的交流配电网已经难以满足供电要求，交流配电网面临线路损耗大、故障率偏高、供电走廊紧张等一系列电能问题，电力扩容所需的架空输电走廊已难获得，交流地下电缆输电的输送距离又受容性电流限制。在同等输电条件下，直流供电的供电能力高于交流供电线路，直流配电能够有效提高供电容量，相同的线路走廊，直流配电网可输送更多容量，并且可以利用现有的输电走廊进行地下铺设，节约土地资源，减少线路投资。直流供电能有效解决城市配电网走廊紧张、供电容量不足的问题。使用地下直流电缆输电可避免容性电流问题，实现远距离输电。

伴随城市规模快速增长及信息技术迅速发展，电网内敏感负荷、非线性负荷，以及其他重要负荷越来越多，交流配电网电压波动、电网谐波加剧、电压瞬时跌落及三相不平衡现象加剧等问题亦日趋恶化。直流配电网不存在无功功率，具有电能质量高、传输容量大、可靠性高、系统结构简单、经济性好、电能损耗低等优点。直流供电不需要无功补偿设备，减少了电磁辐射，符合现代人们对绿色环保的要求，采用直流供电可以有效避免传统电网中的涡流损耗和无功损耗，可以有效降低线路损耗，提高输电效率。直流供电系统不需要对电压的相位和频率进行跟踪，设备切换更容易，电压稳定性也得到增强，具有更高的可控性、可靠性和稳定性。

目前半导体产业、通信中心等敏感负载对电能质量要求较高，接入快速响应的储能设备的直流配电网对冲击性负载造成的电压闪变仅为1%～2%。另外，相对交流配电网而言，分布式储能设备接入直流配网的技术难度相对较低，一旦储能设备的研制取得突破，便可在直流配网中广泛配置，从而有效解决用户侧直流电压闪变等问题。此外，柔性直流配网中的换流器可以灵活地吸收或发出无功功率，起到静止无功补偿器的补偿作用，从而对交流系统侧与交流负荷侧的无功功率进行动态补偿，起到稳定交流母线和用户侧电压的作用。若直流配电网采用双极系统，当其中一极发生故障时，另一极可继续为负荷输送功率。相比于交流配电网，直流配电网中接入蓄电池、超级电容等储能设备的技术难度相对较低。因此，直流配电网的故障穿越能力与供电可靠性较高。

二、光伏直流供电与交流供电效率对比

传统的交流变压器效率可达98%，亦即交流配电网在进行电压变换时的电能损耗很小。直流配电网所采用的电压源型换流器（VSC）和直流变压器一般采用基于绝缘栅双极晶体管（IGBT）的脉宽调制（PWM）技术，因此通态损耗和开关损耗较大，其效率为85%～95%，亦即换流器和直流变压器的电能转换效率低于交流变压器。但是，直流配电网的线损远低于交流配电网，因此需要从总体传输效率上对交、直流配电网做进一步的比较研究论证。

根据各类交直流换流器的效率调查结果，交流配电网中压侧的整流器整体效率约为95%，低压侧整流器效率约为90%；直流配电网的中压侧逆变器整体效率约为97%，低压侧逆变器效率约为93%；直流变压器的效率约为90%。而直流配电网换流站（假设其换流器为采用优化脉宽调制技术的两电平换流器）及交流配电网变压器的效率则相对较高，分别可达98.4%、98%。

传统交流配电网中（图5-1），显示器、笔记本电脑和电视机等用电设备的电源电路由整流、功率因数校正（负载功率大于75 W）、DC/DC（或DC/AC）变换等部分组成，电能从光伏阵列到负载的转换效率为：

$$\eta_1 = 98\% \times 97\% \times 98.5\% \times 97\% \times 95\% \approx 86\%$$

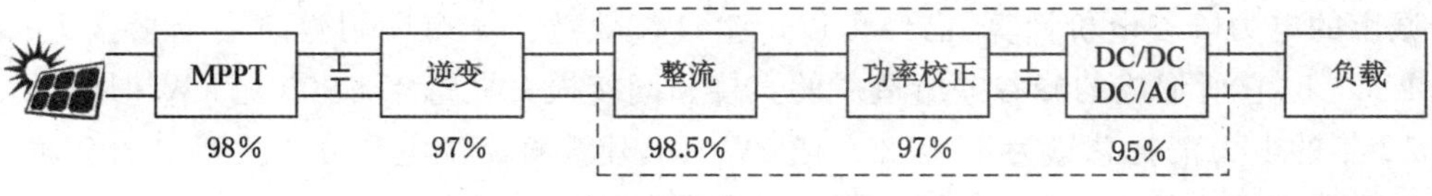

图5-1　传统交流配电网

图5-2所示的低压直流配电网中，电能从光伏阵列到负载只经过MPPT控制器和DC/DC（或DC/AC）变换，电能转换效率为：

$$\eta_2 = 98\% \times 95\% \approx 93\%$$

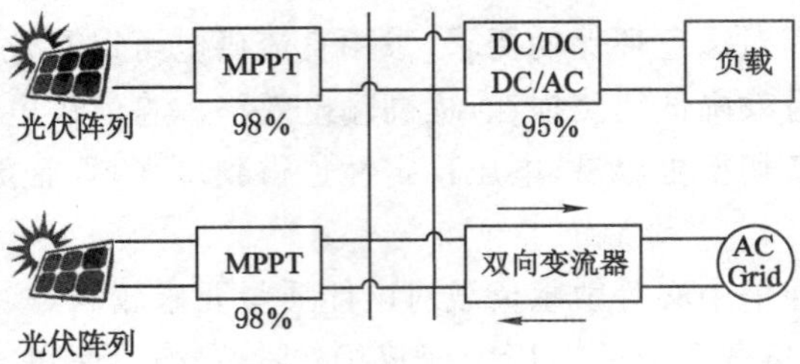

图 5-2 直流配电网

说明直流配电理论上至少可以提高 7%的效率,而如果考虑交流带来的谐波、无功等损坏,则其整体效率提升更加明显(目前逆变器的效率能够达到 97%的很少)。

以数据中心供电为例,在当前广泛采用的以交流配电的供电系统中,电网提供的交流电经过一次交流到直流的转换,变成直流电供给蓄电装置后,还要经过直流/交流转换成交流电分配给服务器等设备,然后在设备内部再次经过交流/直流转换,变成直流电之后使用。这样,电网提供的电力要反复进行 3 次交流/直流的转换,即使各环节的转换效率达到 90%,经过 3 次转换也会造成约 27%的电力损失。如果将交流配电架构改变为直流配电架构,利用转换效率超过 90%的交流/直流转换器在电网电力的供电口进行一次性转换,然后供蓄电池和设备使用,数据中心的电力消耗就可削减 10%～20%左右,同时被削减的还有这些损耗的电力所产生的热和为其付出的制冷能耗。对数据中心的耗电统计分析表明,IT 设备的电耗约占 1/3,但配电传输和转换设备的电耗约占 21%～24%,空调与制冷电耗占 45%左右,数据中心的能源利用效率较低。

另外,考虑交流电缆金属护套涡流造成的有功损耗和交流系统的无功损耗,当直流系统线电压为交流系统的 2 倍时,直流配电网的线损仅为交流网络的 15%～50%。虽然交流系统可通过无功补偿等措施来降低线损,但这将大大增加系统的建设成本和复杂性。

三、建筑直流供电效益分析

随着风能发电和太阳能光伏电池的发展,电源侧也出现随天气变化的峰谷差,2014 年我国火电发电装置年运行小时数仅 4 300 h 左右,弃风电超过 20%,峰谷差导致电源和电网的损失在 5%以上。

目前蓄电池技术已经使每充放 1 kW·h 电能的电池成本小于 0.5 元人民币,按照目前多个城市的电力峰谷电价计算,已经可以产生经济效益。城市民用建筑用电量接近每年 2 万亿 kW·h,它所形成的峰谷差所造成的直接和间接损失在每年 1 000 亿 kW·h 以上。我国 2012 年的电力消耗总量为 47 962.6 亿 kW·h,建筑直流供电和分布式蓄电的全面实施,每年可以节省电力约 1 000 亿 kW·h,占我国目前年耗电总量的 2.0%。

日本松下电工建造了全直流供电的住宅,并通过实测比较了全直流供电与交流供电的耗电量,实测显示直流供电比交流供电能节能 10.8%。

据测试,常用电器设备在 220 V 交流系统的功耗和能量损耗、直流系统的损耗和能量消耗如表 5-1、表 5-2 所列。

表 5-1 220 V 交流系统的功耗和能量损耗

类型参数	功率/W	馈电电阻损耗/(kW·h/a)	待机损耗/(kW·h/a)	整流损耗/(kW·h/a)	损失的能量/(kW·h/a)	能源消费总量/(kW·h/a)
照明灯	60	0.63			0.63	700
微波炉	800	10.11	2.3	23.5	12.41	315.5
电磁炉	2 000	5.69	8.61	00	14.30	1 095
电饭煲	500	0.30	00	00	0.30	136.88
咖啡机	990	0.77	00	00	0.77	180.68
冰箱	125	0.30	4.29	43.8	4.59	591.3
洗碗机	500	0.22	0.79	10.27	1.01	110.60
洗衣机	500	0.37	1.36	16.83	1.73	190.21
熨斗	1 000	0.674			0.674	156
笔记本	50	0	1.00	11.50	1.00	139.25
台式电脑	270	0.60	3.86	24.27	4.46	517.00
外部调制解调器	7.2	0	00	7.00	00	20.14
32 in 液晶电视	156	0.5	2.23	31.2	2.73	315.90
总计		35.48	55.41	194.65	86.2	8 436.74

表 5-2 直流系统的损耗和能量消耗

电器设备	功率/W	年能量损失/(kW·h/a)		能源消费总量/(kW·h/a)
		24 V 系统	48 V 系统	
照明灯	7	0.42	0.11	61.32
微波炉	800	22.97	13.79	292
电磁炉	2 000	98.85	31.27	1 095
电饭煲	500	10.10	6.73	136.88
咖啡机	990	10.56	10.56	180.68
冰箱	125	26.95	6.92	547.5
洗碗机	500	7.40	4.94	100.34
洗衣机	500	12.79	8.53	173.38
熨斗	1 000	9.21	5.75	156
笔记本	50	3.24	0.45	127.75
台式电脑	270	52.35	13.09	492.75
外部调制解调器	7.2	0.022	0.006	13.14
32 in 液晶电视	156	43.69	10.92	284.7
总计		511.65	323.5	7 634.68

对于交流系统，总的损耗可分为3种类型：待机损耗、馈线电阻损耗和整流损耗。通过对上述电器损耗的计算，可以看出，电子电器的电阻损耗为每年35.48 kW·h，待机损耗为每年194.65 kW·h，交流直流整流损耗为每年55.41 kW·h。其中待机损耗占总损耗的68%，比电阻损耗高56%，比整流损耗高48%。

直流系统的损耗和能量消耗如表5-2所列，对220 V交流配电系统和24 V、48 V低压直流配电系统的部分常用家用电器的能耗和损耗进行了研究，24 V直流系统的损耗很高，在48 V直流系统中，优化电缆面积的总能耗是最低的，从长远来看可以节省大量的能源。

据分析，电子类电器采用低压直流供电相比交流供电节能20%以上，电器的可靠性提升50%以上。如果半数用户的电子类家用电器直接使用低压直流供电，可节省家用电器消耗电量5%以上。蓄电池组无逆变环节可节电10%以上，可靠性增加50%以上。太阳能光伏电池无逆变环节可多发电10%以上，可靠性增加50%以上，提升太阳能光伏电池所发电力的利用率10%。在提高低压直流供电系统中备用电源的普及率后，就能大幅度降低发生大面积电网停电事故时对社会稳定造成的冲击。蓄电池储存的电能提供部分的电力保障，维护了大面积停电时的社会稳定。

低压直流供电系统中，配电电缆可选择三线制和五线制，相同的电缆在不同的配电系统中传输电能的能力是不同的。不同标称电压时，三线制和五线制导线传输功率分别如图5-3、图5-4所示。

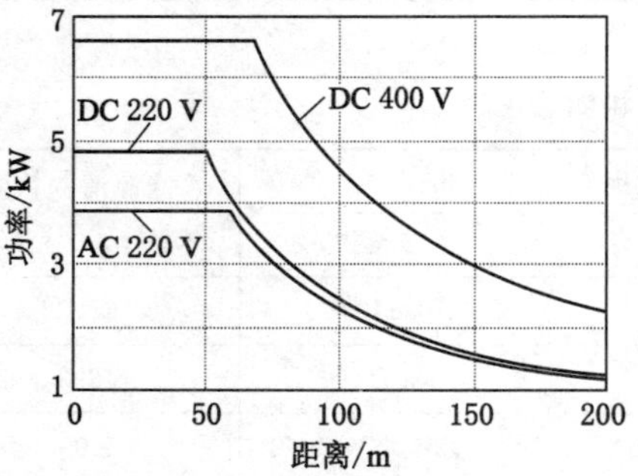

图5-3　三线制导线传输功率

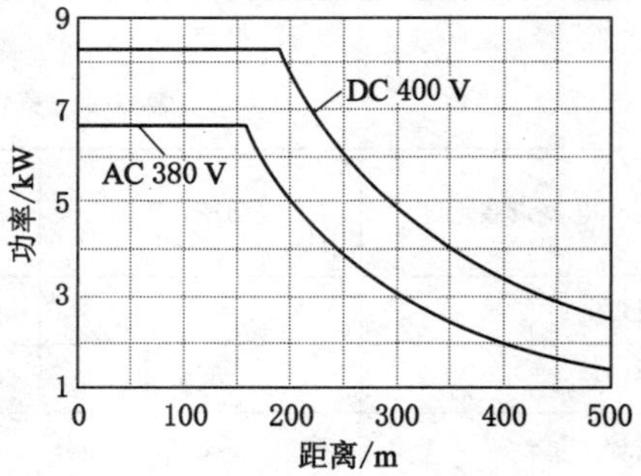

图5-4　五线制导线传输功率

直流电压给建筑设备供电时，因导线电阻，线路上必然有电压降和功率损耗，两者可接受范围则决定了供电系统的供电半径。同样的供电线路，负载功率也相同，60 V DC对应的线路功率损耗，与单相100 V AC在功率因数0.6时的情况相当，如果考虑交流的集肤效应和邻近效应，则直流供电损耗更小，一般小功率的电子设备，如家用LED灯、手机充电器、笔记本电脑和机顶盒等，功率因数普遍不到0.6，而100 V交流供电已是有些国家的市电水平，由此推断功率损耗方面，60 V DC作为建筑内给小功率设备供电的安全电压等级是可接受的。

由于直流电路不存在电抗，采用直流配电的线路功率损耗较少，文献[56]提到在香港的普通高层建筑中，直流配电系统配电线路的有功损耗较交流系统减少4.11%，如果是可再生能源一体化建筑，电源处更可节省7.2%的电能。对一种智能LED照明系统应用于低压直流供电和辅助循环的能量效率进行了实际的比较，发现低压直流供电的智能 LED 照明系统相较传统的辅助循环系统能节约 44.23%的能量。换流器普遍存在于家庭及办公用电设备中，品质参差不齐，其效率随着额定功率的增加而升高，在相同额定功率下，DC/DC 换流器的效率普遍高于 AC/DC 整流器。

四、直流供电与交流供电安全对比

交流电对人体的损害作用比直流电大，不同频率的交流电对人体影响也不同，人体对工频交流电要比直流电敏感得多，交流电 10～50 Hz 频率造成心颤对心脏损害很大，接触直流电时，其强度达 250 mA 可能也不会引起特殊的损伤，而接触 50 Hz 交流电时只要有 50 mA 的电流通过人体，如持续数十秒，便可引起心脏心室纤维性颤动，导致死亡。目前我国采用的工频交流电源为 50 Hz，对人体损害是较严重的。与交流不同，直流电流没有确切的摆脱阈，即被直流电击时易于摆脱，直流电流与其能诱发相同心室纤维性颤动概率的等效交流电流的有效值之比为 3.75。因此，实际应用中直流发生的事故比相同有效值的交流要少得多，可见建筑采用直流供电，在安全性能上具有十分明显的优势。

国际电工委员会(IEC)标准规定，在通常状况下，安全电压上限值为交流 50 V 或无波纹直流 120 V。在特殊状况下，接触电压上限值为交流 25 V 或无波纹直流 60 V。人体通过的安全电流值交流为 10 mA，直流为 50 mA，直流电相对安全电压可以提高到 120 V(目前这部分没有特别权威资料)。采用低压直流供电方式，由于供电的电压很低，对线路绝缘要求低，避免很多因供电线路的绝缘性能降低后，导致线路短路的电器火灾事故。在建筑中引入超低压直流配电，目的是希望直流供电在人体电击安全方面能明显优于目前的交流供电。IEC 60038 对 100 V 以下直流推荐的标准电压有 6 V、12 V、24 V、36 V、48 V、60 V、72 V 和 96 V，我国建筑直流供电在选择电压等级时，可尽量从 IEC 推荐的序列中选择。电压越高，供电系统的经济性越好，安全性越差，因此希望在保证安全的情况下，选取尽可能高的电压值。

五、建筑直流供电系统的结构

在传统交流配电的基础上，增加直流配电网络，来构建建筑物级直流微电网系统。建筑直流微电网系统一般由交流/直流变换器(AC/DC)、直流总线、分布式电源、直流负荷、蓄能装置(电，冷/热)、直流/直流变换器(DC/DC)等部分组成。电动车等大功率设备连接高压直流总线，电子终端等小功率负载直接连接低压直流总线，电压等级可以采用 380 V/48 V 等，以满足设备电压等级要求，400 V 单层母线为本楼层空调等大功率电器提供电能，48 V 单层母线为 LED 照明、计算机、电视、打印机等普通小功率电器供电。如图 5-5 所示。

如果建筑本身的直流电能供应较为充足或者有剩余情况时，系统中的储能电池可以将多余的电能蓄积起来；若是建筑本身电能供应发生不足，需要通过大电网，利用风力、光伏等发电来满足电能需求。同时系统中还存在通信和智能控制系统，通过对直流设备的有效控制，可以根据需求实现对照明、IT 设备等用电的有效控制。为了维持直流微电网自身的稳定运行，并提供较高的电能质量，控制直流母线电压，使其保持在一定范围内显得至关重要。

建筑内用电形式复杂，近年来用电形式的新发展是推动直流输配电网络的重要原因，含直流环节的电器数量以及本质上采用直流的电器数量逐渐增多。从表面看，家用电器电源

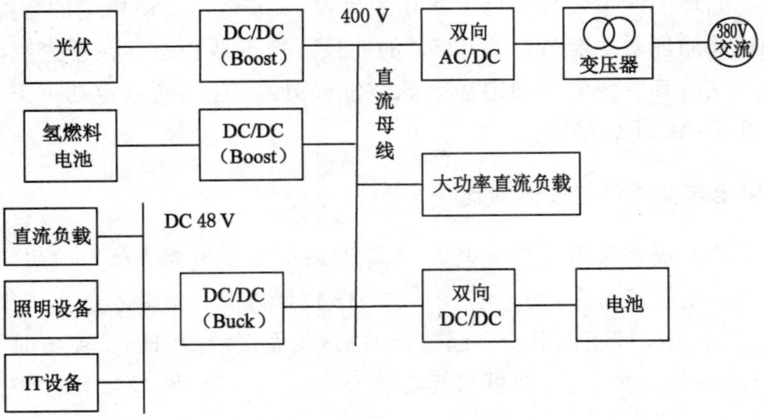

图 5-5　智能建筑直流供电架构

都是交流电，但从内部看，大部分电路的电源输入端都经过一个整流滤波电路后，把 220 V 交流电转为直流电驱动负载。在家庭中常见电器按能量转换形式，可分为照明装置、电子设备、电动设备和电热设备 4 类：

(1) 照明装置。目前受到广泛关注的 LED 节能灯，实际上是低压照明设备，低压直流电源更加适用于 LED 光源。

(2) 电子设备。个人电脑、打印机、手机等常见的小型家用电器内部大多为半导体器件，供电电源都是低压直流电，目前应用广泛的显示器、智能电视机等发光光源也是 LED，更适合低压直流电源供电。

(3) 电动设备。家电中耗电量较大的设备，诸如空调、洗衣机、冰箱等设备，为了降低电力消耗，逐渐运用含直流变频器或直流无刷电机，应用后调速性能更好，节能效果更突出。

(4) 电热设备。采用电流热效应的电热设备原则上可以直接改为直流电驱动，将交流电变为直流电再通过电路加以利用。

建筑低压直流供电系统结构主要包括网络结线、末端母线形式及母线电压等级，它们决定了系统的保护设计和安全性。常见的低压直流母线电压等级有 48 V、220 V、300 V、380 V 和 750 V 等。为保证供电可靠性和充分利用绿色能源，分布式电源及储能系统必将大量接入，这使得低压直流供电系统结构形式多样，主要可分为直流放射型、直流环型和交直流混合型。通常来说，放射状网络供电可靠性相对较低，但故障识别及保护控制配合等相对容易；环状网络及两端配电网络的供电可靠性相对较高，但故障识别及保护控制配合等也相对困难。直流配电网可以根据供电可靠性、供电范围(距离)及投资等实际工程需要，采用不同的电压等级和拓扑结构进行设计与建设，而在进入用户的末端母线处，为满足不同用户的需求，又可具体分为单极结构、双极结构和双层电极结构，如图 5-6 所示。

如图 5-6(a)所示，在低压直流配电技术中，单极型是利用一根导线进行连接的。通常返回回路就是大地和水，可直接作为负极。在非常大的干扰环境下，若出现极高电阻率或者其他金属性影响，就需要用金属替代大地作为返回回路，同时确保金属回路能够在低电压下良好运行。毋庸置疑的是，对直流电流每一端的测量都要依赖额定电压器，利用两级结构相分离。双极型是将正、负两条导线进行连接，这也是目前普遍的配电技术类型。单母线结构的

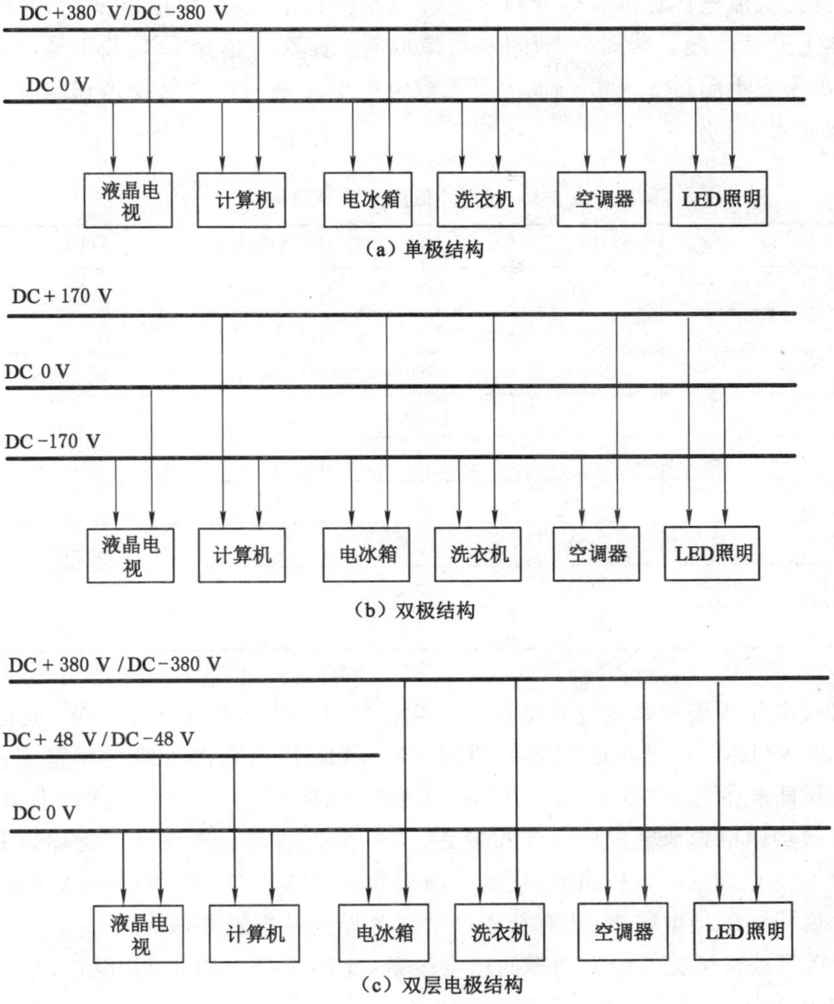

图 5-6 末端母线形式

直流微网系统容易与现有交流接线板等转接设备兼容，但在给计算机等低压设备供电时，变流器的电压应力较大，每个低压电子设备均需配备一定体积的电源适配器；双母线结构的直流微网系统电压等级为 170 V，接地方式为中间接地，它可根据负荷端对供电电压的不同需求由不同的母线进行供电，并实现交直流侧共地。双层式的母线结构对单母线进行了分层设计，一级母线电压为 380 V，二级母线电压为 48 V，它是在 380 V 进入住宅后经过变换器变为 48 V 的。图 5-6(c)所示双层式的母线结构提高了低压设备供电的安全性，减小了电源适配器的体积，但不好与现有的转接设备兼容；冗余式的母线结构，适合于高电能质量要求的配电区域，如商业建筑和船舶区域配电等。

六、直流母线电压等级的确定

直流微电网的电压水平目前还未实现标准化，从目前开展的实验平台及工程示范来看，电压水平分为 48 V、120 V、170 V、220 V、300 V、380 V、750 V、1 500 V 等。在直流建筑中，选择过低的直流电压标准将会导致供电时线路损耗增大、供电电缆变粗、布线作业难度加大及成本上升等问题。若提高电压值，将造成安全隐患。依据 IEC 关于低压直流的相关标准，电压水平应不超过 1 500 V，制定直流微电网电压系列标准已经迫在眉睫。国内外低压直流等级如表 5-3 所列。

表 5-3 国内外低压直流等级统计

IEC 标准	电力行业	通信行业	城市轨道交通	舰船供电	航空供电	建筑供电
48 V	110 V	48 V	600 V	750 V	270 V	380 V
110 V	220 V	240 V	750 V	1 500 V		
125 V		270 V	1 500 V	3 000 V		
220 V		300 V	3 000 V			
250 V		320 V				
440 V		336 V				
600 V		350 V				
750 V		380 V				
1 500 V		400 V				

直流母线电压等级的确定应满足现有交流设备对输入电压范围的要求，我国单相电压有效值为 220 V(RMS)，三相电压有效值为 380 V(RMS)，直流母线电压范围应在 200～400 V 之间。日本在 2009 年 12 月提出 380 V 的直流母线电压标准，并进行了相关的验证，这一标准已被美国电力研究院所验证并接受。380 V 的直流标准现被广泛称为 DC 380 V，它是基于数据中心直流配电提出的，现已逐渐得到业界的认可，但 DC 380 V 的标准是否适合于我国普通居民的用电需求，还有待于产学研各界进一步研究确认。

380 V 直流被直接提供给大功率的用电设备，比如变频空调和 IT 设备，与交流输入相比，380 V 直流输入不仅兼容而且还可以提高 2%～3%的用电效率。经过一个简单而高效的 DC/DC 变换器，进一步产生一个 48 V 低压作为 LED 照明的工作电压，与常规的 220 V 交流电相比，48 V 直流供电不仅可以提高近 10%的用电效率，还可以大大提高 LED 驱动电源的寿命(约 3～5 倍)。48 V 直流母线还将大大简化建筑内监控报警系统的电源设计，大大提高其可靠性，电源体积将会缩小为传统交流输入时的 1/3～1/5。48 V 系统全年效率最高，对人体也是安全的。因此，48 V 系统被认为是住宅应用的最佳方案。

我国通信行业中已经出台针对 240 V 直流供电系统的标准，对工程设计、施工及验收相关技术要求进行了规范。欧洲标准化委员会(ETSI)已经提出 300 V 直流供电的信息和通信设备标准，取代 48 V 直流供电。与此同时，欧洲地区已经有数个 300 V 以上电压直流供电项目试验。较高的电压一般以现有家用电器标准允许的交流电压对应的峰值为上限，IEC 60336 系列标准的交流电压上限为 250 V，对应的峰值为 353.6 V，因此，采用 350 V 作为直流供电标准电压基本上不会对电气绝缘方面的要求有明显的变化。而且目前许多兼容直流电源和交流电源的电力设备工作电压为 220 V，采用 220 V 直流供电可以兼容这些市场现有电力设备。日本住宅直流供电的方案大体以 48 V 为基本电压参数，大功率家用电器如空调器和电动汽车等则采用 200 V 供电。广东白色家用电器产学研创新联盟直流家用电器技术工作组拟定 48 V 作为小功率电器供电电压，350 V 作为大功率电器的供电电压。

目前部分建筑直流供电系统中，针对现有的交流系统，线电压为 400 V，相电压为 230 V，基于以上考虑，设定了直流系统 4 种电压水平：

(1) 326 V，为电力电子类电器的二极管整流器输出电压，对应 RMS 值为 230 V 电压峰值。

(2) 230 V，因为与交流 230 V 的均值相同，此电压等级能适应现有的电力设备。

(3) 120 V，使用 120 V 电压可以不用采取间接电击防护措施，系统更简单。

(4) 48 V，这个电压等级不需要采取直接电击防护措施。

七、直流配电网电压等级序列

与交流配电网相比，直流配电网具有变电站(换流站)占地面积小、线路建设成本低、线路损耗小、无需无功补偿装置等优点，理论上具备更好的经济效益。制定直流配电网电压等级序列的基本要求是满足负荷容量需求。因此，直流配电网电压等级序列研究应以分析负荷需求为出发点，借鉴交流电压等级序列设定，充分考虑直流相关设备制造水平和发展趋势。

(一) 高压配电等级Ⅰ：±320 kV

此电压等级的主要任务是为负荷率较大(大于 40 MW/km^2)的城市或大型工业园区配电，与上级输电网络衔接，作为高压配电电压等级。±320 kV 是中国大连柔性直流输电工程所采用的电压等级，也是目前世界上在建的大容量柔性直流输电工程的首选电压等级，其供电能力已与交流 500 kV 等级相当，其电压较低，变电站占地面积小，从而突破了高压进城区的局限，又满足了负荷增长的需求。

(二) 高压配电等级Ⅱ：±150 kV

此电压等级的主要任务是为负荷率不大于 40 MW/km^2 的地区配电，作为高压配电电压等级连接区域高压输电网。±150 kV 是柔性直流输电工程采用的比较典型的电压等级，相关技术及设备比较成熟。其输送容量范围为 99～707 MW。

(三) 中压配电等级Ⅰ：±30 kV

此电压等级的主要任务是给各地区配电站和中压负荷供给电源，同时承担较大容量分布式电源和电气化铁路的接入任务。±30 kV 是上海南汇工程采用的电压等级。同时，在电气化铁路牵引电网中，目前采用 25 kV 单相交流电网，可简单改造纳入直流 30 kV 电压等级，也可根据容量并入更高电压等级。由于改造后接触网结构形式的差异，±30 kV 牵引直流电网的阻抗为原有的 1/2，供电距离为之前的 2 倍，可减小牵引变电站的个数及线路损耗。

(四) 中压配电等级Ⅱ：±10 kV

此电压等级的主要任务是给终端配电站或大型负荷供电，需要充分考虑其供电能力与经济性。±10 kV 供电能力与交流 20 kV 相当，但对线路的绝缘要求却不超过交流 10 kV。因此采用直流±10 kV 配电，不仅可以利用原有交流配电网中 10 kV 线路大幅度降低投资成本，又可实现配电能力的大幅提升。

(五) 低压配电等级：±750 V，400 V(±200 V)

此电压等级的主要任务是为轨道交通、小型分布式能源提供合理的接口，是微电网与大电网经济稳定连接的核心电压等级，同时也为大部分家用负荷供电。750 V 电压等级也可以满足主流的 400 V 三相交流负载的供电需求，只需要一级 DC/AC 变换。400 V 是目前较规范的直流电压等级，也是各类终端用电设备能直接适用的电压等级，包括向 220 V 交流负载供电。因此该电压等级可作为用户的入户电压。在企业数据中心等场合，采用此电压等级也较为合适。在某些特殊场合，为兼顾各类保安蓄电池构成的直流系统接入，也可将 400 V 转化为±750 V 供电。

（六）超低压配电等级：48 V

此电压等级主要为家用或商用负荷供电。家用配电具有供电距离短、负载功率小、安全性要求高的特点。绝大多数家用直流负荷的工作电压为 48 V 及以下，且 48 V 是无需保护措施可直接接触的安全电压。

第二节　建筑直流供电国内外发展现状

实际上，自从 1882 年爱迪生发明电力以来，以爱迪生为代表的直流供电派与特斯拉为代表的交流供电派孰优孰劣的争论就没有停止过，变压器的发明使得交流电压变化变得很容易也很便宜，因此自 1891 年起交流电主宰了电力供应技术。但是随着电力电子技术的发展和可再生能源利用量的增加，唤起了人们对直流供电方式的再思考。

随着配电系统的发展，直流微电网比交流微电网更具优势，更能适应绿色、高效、可持续性的要求，在未来建筑能源系统的发展中有巨大的潜力。然而，目前在建筑中大规模引入直流系统仍然有较大挑战，直流配电节能效果究竟如何也难以评估，其影响因素有很多，比如建筑类型、可再生能源及储能技术的应用、电源转换组件的数量和效率、线路长度及其损耗、整个电力系统的配置等。目前，一些国家已经纷纷开展直流配电网的研究，提出了各自的直流配电网概念和发展目标。

一、国外建筑直流供电介绍

建筑内直流供电的应用也是近十年来西方各国在能源领域的研究热点。目前多国政府都已布局开展此方向研究，各大相关企业也都在积极开发各类相关产品，已经建立起 10 座以上的实验性直流供电建筑，关于电压标准、安全性、能效分析、优化调度方法等方向的研究文章也高频率出现。

瑞典、日本、法国和美国等国家的通信公司已于 20 世纪 90 年代开始了 300～400 V 数据中心直流配电的研究。另外，军舰、航空和自动化系统的直流区域配电，电力牵引直流供电技术已然成熟，这为直流供电的推广应用提供了良好的契机。

为了提高 IDC 机房的能效，在美国加州能源委员会的发起下，美国伯克利国家实验室（LBNL）联合产业链相关企业于 2006 年进行了一项旨在提高 IDC 机房能效的研究，实验证明直流配电系统的可靠性提高两倍，电能传输效率比最先进的交流配电系统提高约 7%，节省 3%的空间，节约 6%的投资成本。

美国弗吉尼亚理工大学 CPES（Center for Power Electronics Systems）中心于 2007 年提出了“Sustainable Building Initiative（SBI）”研究计划，为未来家庭和其他建筑提供电力。CPES 的 SBI 系统构架包括一台 3.5 kW 风力发电机、一个 5 kW 光伏阵列、锂电池储能单元和混合动力汽车充电接口等，系统包含两种电压等级直流母线——DC 300 V 和 DC 48 V，最后整个直流供电系统通过一台双向 DC-AC 变换器接入大电网。随着研究深入，CPES 于 2010 年将直流母线电压由 DC 300 V 提升至 DC 380 V，系统结构如图 5-7 所示。

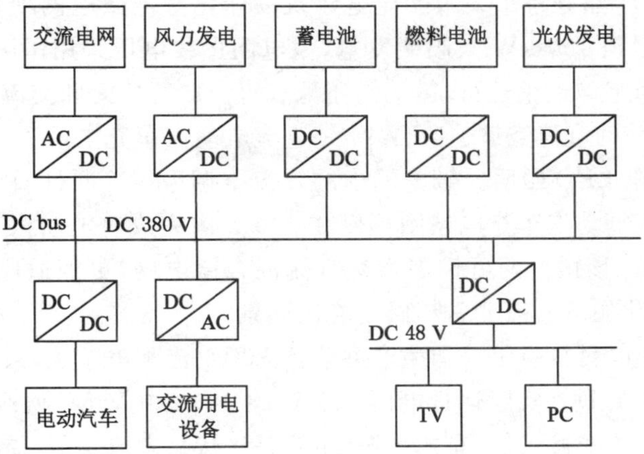

图 5-7　美国弗吉尼亚理工大学 CPES 研究中心提出的微电网结构

在欧洲，飞利浦、西门子等公司联合成立了一个研究课题 DCC＋G(direct current components ＋ grid，直流供电器件与电网)，旨在研究基于先进半导体技术的集成直流供电技术。该项目以一栋办公楼和一家大型超市为样本，期望每个样本中都能实现 5％的能源节省。目前正在研究用于高效控制元件的新半导体技术、用于网络保护的交换系统和用作传统二次配电网络稳定接口的整流器，以及用于直流电网络中最佳能量分布的网络架构和能源管理系统。

2009 年在日本东京召开的第 1 届全球绿色建筑供电会议(GBPF)，到 2012 年美国硅谷的第 4 届 GBPF，提出了 DC 380 V 的数据中心直流供电标准，讨论了电源和用电设备的规格、电源品质质量和供电系统结构，以及直流供电在通信、工业、政府办公、家居中的应用和建筑供电技术(包括可再生能源发电、高效照明、无线建筑自动化、建筑能源需求侧管理等)。

2011 年，美国北卡罗来纳大学提出的基于未来可再生电力能源输配和管理的直流建筑用于构建未来自动灵活的配电网络。该结构包含 400 kV 的直流母线，利用直流供电架构将分布式电源单元、分布式储能单元和直流负载集成，通过智能能量管理装置与大电网连接。

二、国内建筑直流供电介绍

2009 年 7 月，广东白色家电产学研创新联盟成立了直流家电技术工作组和家电集成能源系统技术工作组，正式启动了我国在该领域的研究和开发。

我国于 2011 年在云南—广东之间建立了供电能力 5 000 MW、供电电压±800 kV、供电距离 2 071 km 的直流供电网络。

2011 年，瑞士 ABB 公司在北京建成了太阳能低碳建筑。该建筑利用屋顶和墙壁上的太阳能面板产生的太阳能作为唯一电源，采用直流供电，在维持住户生活质量的同时，通过现有技术实现了能源自给自足的低碳生活。通过安装智能家居控制系统、建筑对讲系统等先进低压电气和智能家居解决方案，用户可以在控制面板上点击按钮对各房间的灯光、窗帘采光、暖气、通风、家用电器、建筑对讲设备进行独立或集成控制。

2014 年，厦门大学建立首个太阳能光电建筑一体化直流微电网项目，微电网的主要供电来自工程实验楼屋顶 150 kW 太阳能发电，微电网母线电压采用国际倡导的 380 V DC。为了实现微电网的稳定与连续运行，微电网还配有直流储能单元和交流/直流备用电。微电网的负载包括 30 kW 的直流空调、40 kW 室外直流电动汽车充电站和 30 kW 的阻性负载，并预设 20 kW 的直流 LED 照明。微电网中的直流空调采用冷暖性直流变频空调，运行稳定。该系统中的直流电动汽车充电站则可以在 1.5 h 内完成对电动汽车的快速充电，续航里程达 250 km 以上。该微电网可扩展为交直流混合微电网，更加适应当前市场的实际需求，在光伏建筑一体化领域具有非常广阔的应用前景。

南京国臣直流配电科技有限公司生产办公楼采用直流配电系统，采用放射状拓扑结构，系统电压等级为 600 V DC（实际运行电压 540 V DC）和 220 V DC 两级。整个建筑低压直流配电系统由电力电子变换器、分布式电源（主要是光伏）、直流负荷、储能单元、开关及保护装置 5 部分组成。

2017 年，上海首座光储充一体化电站投入使用，该充电站铺设了 44 块太阳能光伏发电板，光伏装机容量为 11.66 kW，日发电量约 100 kW·h。充电站使用清洁能源供电，通过光伏发电后储存电能，光伏、储能和充电设施形成了一个微网，根据需求与公共电网智能互动，并可实现并网、离网两种不同运行模式。储能系统的使用还能缓解充电桩大电流充电时对区域电网的冲击。系统结构如图 5-8 所示。

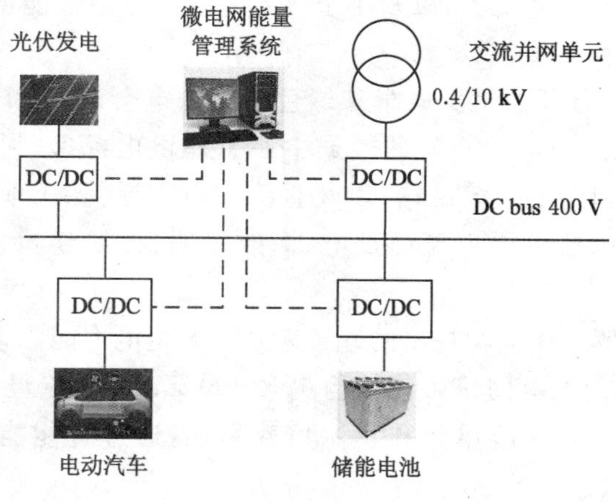

图 5-8　上海光储充一体化电站系统图

天津大学的求实大厦采用了直流配电系统，建筑物为 11 层的办公建筑，总建筑面积 23 000 m^2，该项目的建筑照明全部采用直流供电系统，包括室内、室外照明，为全系统直流供电。同时，室内应急照明采用光伏发电＋锂电池储能分布式微电网供电。系统具有直流智慧照明系统的雏形，主要由直流集中柜、智能监控系统、智能云平台等构成，可接入更多智能设备，进而向智慧城市扩展。系统结构如图 5-9 所示。

（a）三路DC输出功率模块　（b）车库DC照明　（c）AC/DC功率模块

图 5-9　天津大学求实大厦交直流混合配电系统

第三节　建筑直流供电工程应用技术介绍

一、建筑直流供电的关键设备

（一）DC/DC 变换器

DC/DC 变换器的关键技术包括：

（1）采用合适的控制策略以提高变换器的控制性能。DC/DC 变换器控制目标是在稳态下，保证直流电压稳态输出误差满足要求；控制系统具有好的控制性能，对电路参数和外界环境的变化鲁棒性较强，具有好的动态负载响应。

（2）采用软开关技术以减少变换器的开关损耗，提高换流效率，抑制电磁干扰。

（二）直流断路器

直流断路器是直流系统中一种重要的开关电器设备，它具有通断直流回路的开关功能和可靠切断故障电流的保护功能，已广泛应用于直流输电、地铁牵引和船电系统等领域。在交流系统中，电流每周波有两次自然过零点，交流断路器就是充分利用此时机熄灭电弧，完成介质恢复，而直流系统不存在自然过零点。因此，开断直流电路就要困难许多。直流开断的首要任务是熄灭电弧。其次，由于直流系统中电感的存在，系统内储存了大量的能量，需要采取有效手段来耗散这些能量。同时需要抑制过电压，保证间隙完成介质恢复和保护系统设备免受损坏。

（三）DC/AC 换流器

直流微网通常与交流电网联合运行，直流微网通过 DC/AC 换流器与交流电网连接。设计 DC/AC 换流器应考虑下述因素：

（1）在直流微网并网方式下为微网提供必需的能量及电压支撑；

（2）直流微网并网方式下与 DC/DC 换流器的协调控制；

（3）直流微网的孤网与并网运行方式的平稳转换；

（4）利用直流微网通过 DC/AC 换流器为敏感交流负荷供电；

（5）满足交流电网的电能质量要求，包括电压波动、不平衡度和谐波等。

（四）直流电缆与直流插座

架空线和电缆均可以作为直流线路，其与交流线路非常相似，只有导线芯数和所需空间不同。直流电缆与交流电缆相比有以下特点：

（1）所用系统不同。直流电缆用于直流输电系统，交流电缆常用于工频的电力系统。

（2）与交流电缆相比，直流电缆在传输过程中电能损耗较小。直流电缆的电能损耗主要是导体直流电阻损耗，绝缘损耗部分较小。而低压交流电缆的交流电阻比直流电阻稍大，高压电缆则更加明显。原因主要是因为邻近效应和趋肤效应的存在，导致绝缘电阻的损耗占较大比例。

（3）输送效率高，线路损失小。

（4）调节电流和改变功率传送方向方便。

（5）虽然换流设备价格比变压器要高，但电缆线路使用成本要比交流电缆低得多。直流电缆为正负两极，结构简单，交流电缆为三相四线或五线制，绝缘安全要求高，结构较复杂，电缆成本是直流电缆的 3 倍多。

（6）直流电缆使用安全系数高。

（五）直流负荷

直流负荷是直流微网的主要组成部分，构建直流微网的主要目的就是为各式各样的直流负荷供电。直流微网中的负荷特性对直流微网的控制至关重要。直流网络不存在频率问题，负荷不会出现部分交流负荷那样因频率响应所呈现的动态特性。通常可以依据负荷的构成及特性描述为定电阻、定电流及定功率负荷。直流微网结构设计和控制运行可依据负荷的上述特性进行。

二、光伏直流照明设计

光伏直流照明系统工作原理：光伏系统工作在最大功率跟踪状态，LED 灯正常工作在恒流模式，正常情况下光伏输入功率很难等于 LED 照明功率，此时通过 AD/DC 双向变流器维持直流母线恒定，由于直流母线电压较低，双向 AC/DC 一般需要接隔离变压器接入交流电网，如图 5-10 所示。

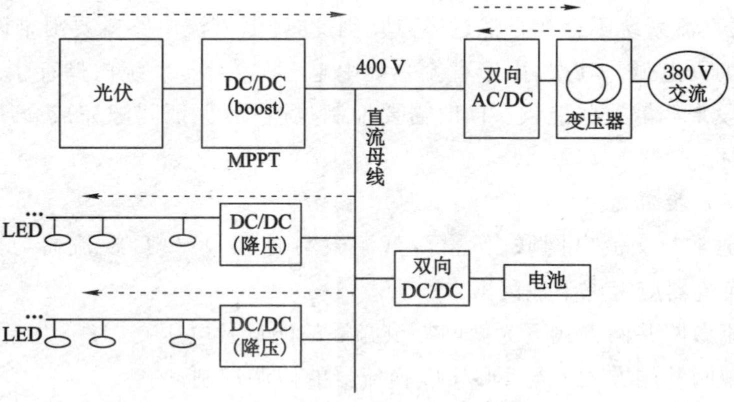

图 5-10　光伏直流照明原理图

同时可以在系统中增加储能设备，进一步增加系统直流供电率，同时电池可以作为UPS使用，当电网停电时，可以直接直流给LED供电，同时也可以通过双向AC/DC逆变给周边重要交流负荷供电，起到UPS作用。

三、直流供电、空调、照明一体化解决方案

从表面上看，家用电器的电源都是交流电，但从其内部电路来看，大部分电路的电源输入端都有如图5-11所示的整流滤波电路，它把交流220 V变换成直流300 V左右的电压，然后再进一步变换成电器所需要的各种直流或交流电压。

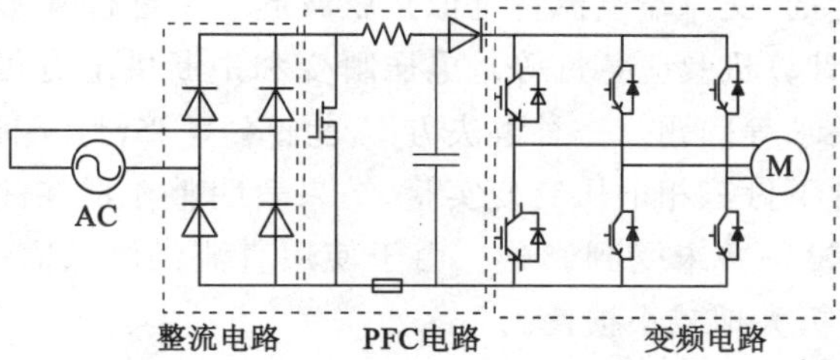

图5-11 一般家电变频电路示意图

四、直流混合双母线供电系统

直流双母线接入结构图如图5-12所示。

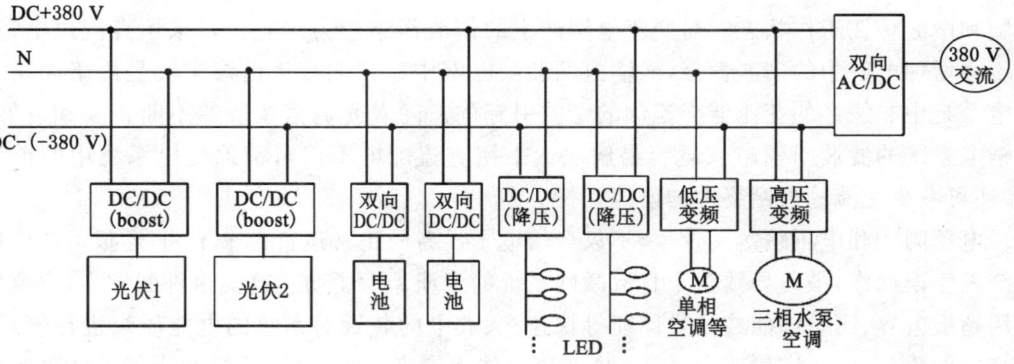

图5-12 直流双母线接入结构图

可以采用直流双母线，正母线+380 V，负母线-380 V，另外一个0电压母线，这样直流负载可以根据其电压不同选择正零零负或者正负之间接入，提高电压灵活性。

第四节 标准及未来展望

一、直流供电中的电能质量问题

电能质量和供电可靠性是低压系统用户最为关注的问题，敏感的电子类负载对电能质

量要求很高，应急负载对可靠性(供电连续性)要求很高，而数据类负载则对电能质量和可靠性要求都很高。建筑内拥有大量的非线性电子负载，如照明设备、办公设备、监控设备、变频空调等，这些设备都有电磁兼容和电能质量问题，从而导致损耗增加和保护措施失效等问题，直流供电相比于交流供电，有效降低线路损耗，提高输电效率，节约成本，提高电能质量，提高系统稳定性。

通过对低压直流供电系统电能质量和可靠性的实验研究(未包括储能和分布式能源装置，未进行孤岛状态研究)得到如下结论：在稳态情况下，负载产生大量低次谐波电流。一个解决方案是采用 PFC 改善电流波形，降低谐波含量；另一个解决方案是对负载直流供电，此时负载电流几乎是恒定的，交流端电流呈近似正弦波形。在暂态情况下，对于在重要场所使用的电子和照明设备(计算机及应急灯等)，电压瞬变和中断供电有可能导致计算机重启丢失数据或照明不满足要求等问题。一种解决方案是配备 UPS；另一种解决方案是使用直流供电。在直流供电条件下做三相电压突变实验，结果表明整流器在故障时可以维持稳定直流电压，计算机和照明设备并未受到影响。由于使用直流供电只需一次变流，与交流系统 UPS 两步变流相比，可极大地减小损耗。

综上所述，对敏感负载或重要设备使用直流供电，不仅可提高电能质量，还可一定程度提升供电可靠性，并减小损耗及成本。对拥有大量敏感负载的用户，选择直流供电系统将更为有利。

直流配电可以消除交流配电中的谐波问题，住宅内部低压交流电路中的高频谐波可以由某些用电设备工作时的振荡状态引起，对配电网络和输电网络都会造成谐波干扰。通过对电饭煲、笔记本电脑、电冰箱、电磁炉和微波炉等常见家用电器进行谐波测试分析，笔记本电脑和微波炉在工作状态时对交流电网产生的谐波污染较为严重。若采用直流供电，直流侧不会增加电网中的谐波含量，而输电网和配电网中存在的直流谐波主要是由于高压直流输电系统中非线性的变流器交流侧的谐波引起的。随着光通信系统的不断普及和发展，直流输电系统的滤波问题越来越容易解决。采用直流配电不仅可消除配电系统中的谐波问题，还可减少交流输电网络中的谐波干扰。

电压闪变和电压跌落的发生，不仅会给电子设备的正常运行带来不利，还很可能使控制系统发生误动作，最终导致整个直流微网系统的崩溃。为了防止这类事件的发生，直流配电常用超级电容、飞轮储能或超导储能等快速充、放电的装置对系统的电能质量进行管理，可提高电能质量，将大容量双向 AC/DC 变流器作为直流电源，根据不同的运行条件采用适当的控制策略，可以为住宅直流微网提供持续稳定的、高质量的、高效率的电能。配电变流器交流侧不需要提供无功功率，变流器可以灵活地吸收或发出无功功率，起到静止无功补偿器的作用，动态补偿交流母线的无功功率，稳定交流母线上电压。

二、直流供电标准现状及发展

目前建筑直流配电、建筑直流微网发展的主要制约在于相关规范/标准制定的滞后，低压直流供电系统的保护缺乏统一的规范与标准，尤其是对于民用建筑等常规领域，难以进行工程应用及推广。现有国家电气规范(NEC)主要针对交流电，如果没有针对直流电的相关规范，直流配电很难适用于更广阔的场合，甚至技术人员和官方人员沟通也非常困难。这很可能会导致增加直流系统布线成本，难以实现商业性推广。

目前建筑电气设计规范/标准主要包括《民用建筑电气设计规范》(JGJ 16—2008)、《低压配电设计规范》(GB 50054—2011)、《供配电系统设计规范》(GB 50052—2009)等。其中，《供配电系统设计规范》(GB 50052—2009)对分布式电源及应用有提及，但未涉及直流部分。其他相关规范均未提及直流配电及直流微网部分。

以我国引进或制定的行业标准为例，如《通信用 240 V 直流供电系统》(YD/T 2378—2011)、《电动车辆传导充电系统》(GB/T 18487 系列标准)、《城市轨道交通直流牵引供电系统》(GB/T 10411—2005)、《电力工程直流电源系统设计技术规程》(DL/T 5044—2014)等，这些标准均针对专业场所，面向的操作人员也经过专业训练，对系统电气安全性能要求相对较低，因此从电气安全角度考虑，上述直流供电系统的保护技术要求并不适用于民用供电场所。而传统交流系统的设计经验对直流系统不再适用，但具有一定的借鉴意义。

直流供电系统的供电质量主要包括了供电系统电压的波动、骤降、中断和浪涌电压等指标。我国 YD/T 2378—2011 标准对安全要求有定义，只是没有定义系统供电电压瞬变、骤降和中断的时间间隔等要求。在抗电强度和冲击电压指标中，规定了相应的测试电压及测试时间，包括交流测试和直流测试电压。

直流供电系统的保护主要包括了供电系统的接地方式、最大稳态工作电流、冲击电流、对地漏电流等指标。我国 YD/T 2378—2011 标准中明确要求了直流正负极母线均为浮空，保护接地要求需按照 YD/T 1051—2018 及 YD 5098—2005 执行。

我国 2013 年 10 月发布了 YD/T 2555—2013 和 YD/T 2556—2013 标准，对直流供电系统的维护技术和配电设备制定了要求。

我国 YD/T 2378—2011 标准中则是直接规定了配电设备的直流电流额定值，标准取值为 50 A、100 A、200 A、400 A、600 A、800 A、1 000 A、1 200 A 和 1 500 A。

因此，当前工作应致力于相关规范/标准的修订和制定。首先，应尽快建设一批示范项目，取得运行经验后制定建筑直流配电系统设计规范，为工程设计、施工人员提供规范/标准依据，从而为工程应用及进一步推广铺平道路，目前已经出台的直流供电标准为施工人员提供了规范。

三、直流供电关键技术展望

（一）直流建筑的能源供应和使用架构、体系及技术标准

随着分布式发电源技术的逐步成熟，直流建筑的供电源种类非常丰富，既可以包括可再生能源，如光伏、风力发电；还可包括不可再生能源，如燃料电池、燃气涡轮机，以及主要基于化石燃料的大电网和各类储能装置，它们的不同组合方式可以满足建筑的不同需求。

直流供电架构和电压等级涉及安全、经济性和供电质量等方面，对直流建筑标准形成有重要意义。在智能建筑直流供电系统中，如果电压标准过低，就需要增加电缆直径，增大布线难度，导致线路损耗增大、成本增加；如果电压标准过高，容易造成一定安全隐患。因此，在智能建筑直流供电系统应用当中，要选择交流电源的额定电压最大值作为直流电压的电压等级标准，确保直流供电系统的正常、稳定运行。

（二）直流建筑的多源协调控制和需求侧管理

直流建筑中供电源种类繁多、可控程度不同，同时供电系统存在与大电网并网运行、孤岛运行、并网孤岛过渡过程和直流建筑黑启动过程等多种运行状态，从而要求实现直流建筑

内各供电源协调控制。现有的交流微网运行控制模式有主从控制模式、对等控制模式(如droop控制)和分层控制模式(如agent技术)等,直流微网也应结合自身特点寻求适合的运行控制技术才能应付上述复杂的运行状态。直流建筑中的供电源和负载均通过电力电子设备连至直流母线,分布式能量源可以实现电、热、冷联产,这些技术优势为直流建筑的需求侧管理提供了有利条件。

在直流供电系统当中,存在有多种形式的能源,其特性各不相同,加上供电系统本身的孤岛运行、与大电网之间的并网运行和运行过程中各种状态的切换等,给整个系统的管理控制带来了极大困难。就当前智能建筑直流供电系统管理控制情况来看,采取的主要有电压下垂控制和主从控制两种方式,通过利用上层控制器实现对智能建筑内各种储能装置、电源设备等换流器的管理与控制,保证供电的可靠、稳定。上述管理控制方式在效率、可靠性等方面还存在一定不足,因此,加强对直流供电系统管理控制方式的研究,采取高效、科学、成熟的管理控制方式,对智能建筑直流供电系统水平的提升有着重要作用。

(三)直流建筑的稳定性、保护理论、配电与保护器件基础和技术

直流供电系统的稳定性分析相比交流系统复杂性大幅降低,使得关注焦点集中在直流母线电压的稳定,需要深入研究储能设备对直流建筑稳定运行的作用机理。直流建筑中潮流双向流通,且随着系统结构和分布式发电源数量的不同,短路电流计算困难,常规的保护算法失效。需研究新型的保护理论,以保证直流建筑正常并网运行时,内部电气设备发生故障和故障切除后直流建筑系统继续安全稳定地并网运行;在直流建筑外部的配电系统部分发生故障时,应在可靠定位与切除故障的前提下确保直流建筑与主网解列后继续可靠运行,并且解列后的直流建筑再次故障时仍能够可靠切除故障设备。另外,针对直流建筑有一个特殊的研究内容是高压大容量直流配电技术的发展,开发出低成本、低功耗、高可靠性的直流配电和用电接口是推动直流建筑内直流设备普及应用的基础性工作。

低压系统中大量使用断路器的脱扣装置或熔断器作为短路和过载保护元件,低压直流供电系统可以直接使用直流断路器或熔断器进行短路保护。此外,交流断路器也可以在直流系统中降低电压使用,但是保护整定计算方法需要重新研究。接地故障是低压系统中最常见的故障,用于交流系统的剩余电流保护装置(residual current device,RCD)因为动作原理和分断能力(分断直流比分断交流困难)的原因,不能直接用于直流系统。以电气安全为目的的直流系统接地方式值得探讨,TT系统和TN系统的剩余电流保护装置也需要另外设计。由此可见,低压直流供电系统保护方案较传统的交流系统更复杂,既要满足低压标准的规定,又要具备可操作性。

在智能建筑的直流供电系统中,当设备负载功率较大时,当前直流开关和插头等装置难以保证用电过程的安全,容易引发用电安全事故,加上直流供电系统中不会发生电流过零点,直流断路器,尤其是400 V以上的中、高压直流断路器基本不存在,直流供电系统的安全防护是一个十分严重的安全隐患,对智能建筑直流供电系统的应用造成了阻碍。针对这种问题,需要加大在直流供电系统关键设备方面的投入,加强技术研发,提高关键设备水平,才能确保智能建筑直流供电系统的安全,促进其实际应用。

(四)高渗透率下直流建筑与交流电网、电动汽车的相互作用

当大量的直流建筑接入大电网后,直流建筑与大电网作用将十分复杂,需研究高渗透率下直流建筑对大电网运行特性的影响,如对大电网稳定性的影响。同样地,电动汽车接入直

流建筑，与直流建筑之间可以存在双向能量交换，电动汽车与直流建筑相互作用对直流建筑的容量优化、能源管理和系统稳定性有重要影响。高渗透率下直流建筑与交流电网、电动汽车的相互作用机理研究就是要揭示它们相互作用的本质，发展相关的理论和方法，为低压交流配电网和直流建筑配电网的稳定分析与控制奠定理论基础。

（五）直流微网中的高效高可靠电力电子技术

直流建筑中基于电力电子技术的电源和负载变换器的输入输出特性不同于交流供电架构，变换器的拓扑、控制和遥控技术为电力电子技术的应用开辟了新的应用领域。

(1) 光伏发电技术：光伏发电技术指的是直接利用太阳能产生电能，利用太阳能电池的光伏效应将太阳辐射能转为电能。利用晶体硅制成的太阳能电池板就是利用光伏伏打效应原理完成太阳光能到电能的直接转换，也称作光伏组件，是光伏发电系统的基础和核心组成部分。

(2) 燃料电池技术：燃料电池(FC)是一种将持续供给的燃料和氧化剂中的化学能连续不断地转化为电能的发电装置，具有能量转换效率高、燃料选取范围广、功率密度大、安静无污染等特点，成为业界关注的焦点。其工作原理是：当外部不断输送燃料和氧化剂时，燃料氧化所释放的能量也就源源不断地转化为电能和热能。根据电解质材料的不同可以分为碱性燃料电池、质子交换膜燃料电池、磷酸型燃料电池、熔融碳酸盐燃料电池和固体氧化物燃料电池。与其他 FC 技术相比，质子交换膜燃料电池(PEMFC)具有功率密度高、质量小和体积小的特点，得到了广泛的重视。

(3) DC/DC 变换技术：DC/DC 变换技术在 20 世纪 90 年代取得迅猛的发展。不断完善和突破的软开关技术、同步整流技术、半导体技术、磁集成技术、DSP(数字信号处理)控制技术等使得 DC/DC 变换器的工作频率、功率密度和效率不断得到提高。目前存在的主要问题是：现有的 DC/DC 变换器的价格要比交流变压器高。但从长远和全局来看，DC/DC 变换器代替低频变压器是一个必然的趋势。用取之不尽的半导体代替贵重金属且能得到更高的效率，这是可持续发展的必然要求

(4) 高压直流输电技术：高压直流输电技术是一项较为成熟的技术，在世界范围内已经得到广泛应用。国内外已有较为成熟的直流输电网规划，如美国的 Trans Bay 直流输电工程、瑞典的哥特兰岛直流输电系统、中国云南—广东的特高压直流输电工程等。高压直流输电技术逐步成熟，为在住区内直流输电、供电提供了技术基础，自从高压直流输电得到应用以来，直流输电电网技术取得了较大进展，应用于越来越多的场合。

(5) 储能技术：为建筑直流微电网中接入储能设备，可以作为能量缓冲有效改善电能质量，使直流微网内的功率相对平衡，并作为备用电源为住区的重要负荷供电，在住区直流微电网中设计储能设备必不可少。常用分布式储能技术包括蓄电池储能、超级电容储能、压缩空气储能、飞轮储能和抽水储能等。在住区应用的光伏直流微电网中，分布式的光伏发电源的发电量受到天气变化影响，也严重影响供电质量，采用超级电容与蓄电池相结合的储能技术，能有效改善电能质量和供电稳定性。

随着 DC/DC 换流技术的发展，DC/DC 变换器工作频率、功率密度和效率不断提高。大容量、大变比、高效率的 DC/DC 换流器为直流输电、配电提供了技术支持，能够有效降低直流配电过程中的电能损耗、提高直流输配电的供电容量和电压，以及通过换流技术保证直流供电电压与直流家电设备用电电压相等，就可减少相应的整流滤波电路和无功功率补偿

电路，降低设备成本、提高电能质量。

四、建筑直流供电面临的问题

直流供电最大的安全问题包括电弧、火灾隐患和人身安全等。目前，直流微网的保护缺乏相应的标准、执行准则和实际操作的经验，在设计直流微网的保护系统时，应分析交流微网的哪些标准可以应用于直流微网，同时还得借鉴直流牵引的保护经验。

直流断路器是直流配电网安全运行和保护的关键设备。交流供电时，即使有电弧产生，也会因交流电压周期性过零而消失。然而直流电始终施加恒定电压，因此不能熄灭电弧，不存在电流过零点，不论直流断路器何时通断，开关开通过程中“通态电流上升率”和关断过程中“断态电压上升率”非常大，可能损坏或击穿功率器件，给直流断路器研制也带来了较大困难。虽然市场上已经有 400 V 以下的低压直流断路器，但中、高电压直流断路器的研发应用仍需要技术突破和创新。

在低压直流配电网中，对于电磁炉、暖风机等功率相对较大的负载，现有的交流开关、插头等装置无法安全快速地开断直流电流，不能直接应用于直流配电网中。因此进行直流开关、直流插头和插座的研发，是直流配电网研究的一个关键问题。另外，直流配电网还必须对换流器、直流变压器及直流电缆进行优化设计和选择。

直流配电网中的其他关键设备，如直流变压器、直流断路器、直流保护装置等目前虽有一定发展，但总体水平有待进一步提高，部分尚在研发阶段。这给电压等级的制定和经济性评价带来了困难。目前，10 kV 型电子电力变压器已进入工业试验阶段，该类变压器通过改造可作为大功率直流变压器使用。1.5 kV 断路器已研制成功，320 kV 的直流断路器也已研发，可开断直流电流 16 kA。

直流配电网的保护方案尚不成熟，有待继续深入研究，还存在难控制、电力电子设备寿命低、谐波和无功功率损耗比较大等问题，电气领域当中低压直流配电技术作为一个全新的研究方向，要求进一步研究技术设计系统、设备选型及电能质量标准等。

直流供电完全替代交流供电，用于民用领域，还需要较长的试点、接纳和交流到直流的切换过程，主要原因有三点。第一，直流供电尽管有诸多优点，但要取代交流供电，不管是供电方、售电运营方还是居民用户，都将有切换过程的前期投入，如果直流供电不能让最终的居民用户明显地感受到益处，则不利于该项技术的实施推广；第二，低压直流开断和控制技术虽有进展，但是在成本上远高于交流，而在操作方便性上又不及交流；第三，如果建筑中的直流供电是通过市电 AC/DC 转换而来，即存在转换能耗，如建筑全部采用直流供电，并不能确保整个供电系统的能效最优。因此直流智能建筑，在初期甚至较长的时期，可能经历交直流混合供电的阶段。

因此，建筑直流供电有待研究的相关关键技术包括以下 6 个方面：

(1) 建筑内直流供电系统形式、电压等级及安全可靠性；

(2) 直流供电的系列低压电器设备的研究开发和标准制定；

(3) 建筑直流供电电器产品系列；

(4) 用于建筑内分布式蓄电系统的蓄电池和电池管理技术；

(5) 建筑微电网的智能控制；

(6) 支撑直流供电和分布式蓄电技术的政策机制。

第六章　老年人照料设施建筑电气与智能化系统

第一节　概　　述

国际人口学会编著的《人口学词典》定义:65 岁以上的老年人口比例达到 7%、或 60 岁以上人口比例达到 10%的人口结构称为“老龄化社会”。我国自 1999 年已进入老龄化社会,第六次全国人口普查显示,我国 60 岁以上老年人口已达到 1.77 亿,占总人口的 13.26%,且每年仍以 800 万人的速度增加。未来 10 年独居老人数量也将呈爆发性增长。随着人们生活水平的提高,老年服务需求逐渐发生改变,不再局限于一般的家政服务和生活照料,高质量的护理保健成为发展趋势,“智慧养老”的概念随之出现。

一、养老形式的概念与分类

目前主流的养老形式可分为 3 类:

(1) 居家养老。老年人按照我国民族生活习惯,选择居住在家庭中,而不是入住在养老机构内安度晚年生活的传统养老方式。

(2) 社区养老。老年人在家庭居住与社会化上门服务相结合的一种新型养老模式。这种模式可以确保老人、子女、养老服务人员、政府各取所需,促使资源得到充分利用。社区居家养老弥补了家庭养老的不足,是政府大力倡导的一种新型养老模式。

(3) 机构养老。包括养老院、养老公寓等多种情形。喜欢过群体生活的老年人,尤其是孤寡老人居住于养老院,或组建大型的老年社区,组织大量的老年人自愿前来入住,社区内为老年人提供所需要的各方面专门化服务。机构养老将是未来养老的一大主体方式。

二、国外智能养老经验

现在欧美日等进入老龄化社会较早的国家和地区,养老产业都有了相对成熟的经验和模式。基于向老人提供更方便、安全、快捷、优质的服务,智能化系统在各国的老年人照料设施及服务中都有广泛的应用。

(一) 欧美国家养老产业的智能化应用

欧美国家的养老产业,都配备完善的网络通信系统,基于网络信息系统还配备有监控、紧急报警、远程医疗等服务。近几年,欧美等更提出智能科技与养老相结合的应用技术。

在美国弗吉尼亚州,有 4.9 万家门诊都安装了“远程医疗”网络用于改善服务,其中 75%的服务对象是老年人。根据政府机构的统计,弗吉尼亚州家庭慢性病患者的监护费用每年为 1 900 美元,而家庭护理费用则高达 77 000 美元。远程医疗既为这些患者节约了护理费用,又提供了生命安全保障。

英国从 2012 年起,在社区医院和家庭普及使用机器人护士。这种机器人与网络连接,其头部安装有多台激光和热成像摄像机，在声音识别技术的辅助下，能够完成日常护理的功能。它的腹部安装有一个红外线感应器，可以随时监测病人的体温，所有的监测结果会传送到负责该老人健康的社区医生手机上。

英国生命信托基金会计划构建一种全智能化老年公寓。公寓将采用电脑技术、无线传输技术等手段，在地板和家电中植入电子芯片装置，使老人的日常生活处于远程监控状态。

芬兰推出名为“活跃家庭生活”的居家养老科技产品。所有家电及地板都装有感应器，可以防止老人在家中不慎摔倒，也可由子女通过手机代替老人进行远程操作；患有老年痴呆症的老人可在身上安装GPS定位系统，离开居所一定距离后会自动报警并定位。

（二）日本养老模式

日本老年住宅突出自助自理，由于日本的人工费贵，日本住宅的技术和电器化程度很高。这特别体现在老龄人住宅和为老龄人提供的公用设施上，使得老龄人能够在生活中充分实现自助和自理。日本养老院高科技设施主要有：

(1) 定位仪。每位入住老人随身佩戴，可以定位老人在养老院中的位置，如果老人遇到危险，只要一按按钮，护理人员马上就能赶到。

(2) 失禁感应器。装在床边的墙上，如果老人失禁尿湿了褥单，感应器就会发出通知。

(3) 离床感应器。安装在床脚处，能让工作人员在老人不慎从床上跌落时迅速察觉并及时赶来。

(4) 自动感应式马桶。马桶圈的放下、抬起及方便前后的冲水，都是自动感应式的，马桶两侧还有可以自由收放的扶手，使用轮椅的老人也能不太费力地坐下。

(5)“动作探知感应设施”。安装在洗手间天花板上，如果老人在洗手间内30 min没有什么动作，感应装置就会马上通知工作人员。

(6) 呼救绳圈。马桶上方有呼叫用的绳圈，如果老人感到不适或无法站起，就可拉动此绳圈呼叫工作人员。

(7) 宠物机器人。为了能给老人解闷，这个做成玩具熊模样的机器宠物可以向人打招呼，还能够回应“唱唱歌”之类的小要求。

(8) 远程医疗诊断。每周都能接受专门医院的医生远程诊疗，通过专门的仪器就能够掌握老人的各项生理健康数据。

(9) 电动入浴设施。专为坐轮椅的老人设计的。

三、我国养老模式的现状与前景

（一）我国养老产业的发展

中华人民共和国成立初期，我国就建立了养老院、敬老院等，主要用于收容“五保”对象、“三无”老人等。这一时期，只为机构养老的老人提供低水平的救济和服务。

2000年之前，养老机构发展尚属于探索阶段。2005年，民政部启动养老服务社会化示范活动，推动老年福利服务由补缺型向适度普惠型转变。

2011年，民政部提出建立“以居家养老为基础、社区服务为依托、机构养老为支撑，资金保障与服务保障相匹配，基本服务与选择性服务相结合，形成政府主导、社会参与、全民关怀”的服务体系。随着国家主导其他社会力量参与投资，出现了民办公助、公办民营等多样化的养老形式，同时也出现了养老机构、养老社区、养老公寓等多种形式的养老地产。

（二）我国养老模式的现状

家庭养老、机构养老和社区居家养老是我国 3 种基本的养老模式。家庭养老是传统的养老模式，机构养老是社会化的养老模式，社区居家养老是一种兼顾家庭和社会的养老模式。

随着国内养老产业市场不断增长和国家大力推行养老服务的相关政策，国内一些高端养老机构和养老社区已开始将互联网、物联网用于养老护理服务，并在方便性、安全性、智能化等方面收到显著的效果。如北京"智能老年公寓信息化系统"、杭州桐庐"智慧医疗"、山东济南"智能居家养老服务中心"、南京市秦淮社区"居家养老慢性病远程综合管理服务平台"、南京市鼓楼区"智慧养老试点"等。

但是很多的养老产业和家庭养老的模式在智能化应用方面还不能满足需求，存在家庭养老监护空缺、机构养老护理单一的情况。随着人们生活水平的提高，老人对养老机构、养老社区的居住环境、服务护理、配套设施等都有了更高的要求。养老产业服务信息化、智能化是一种必然的趋势。

四、现行国家规范和标准

根据不同的养老模式，国家发布和实施的规范和标准主要有《老年人照料设施建筑设计标准》(JGJ 450—2018)、《老年人养护院建设标准》(建标〔2010〕194 号)及《社区老年人日间照料中心建设标准》(建标〔2010〕193 号)等。

第二节　电 气 系 统

一、供配电系统

为确保老年人的人身安全，老年人照料设施建筑供配电系统应安全、可靠，供电电源应采用专线，如老年人照料设施与其他公共建筑合并建设，其配电应自成系统。当建筑内附设有变电所时，配电在此自成系统；当为交流 220/380 V 低压配电时，应在进线第一段母线处自成系统。

老年人照料设施建筑一般为低层或多层，由总配电装置到楼层配电装置采用树干式或分区树干式配电，由楼层配电装置(设在电气间或竖井内)至用户配电装置(设在套内)采用放射式配电。考虑到用电的可靠性和管理的要求，养护院或养老院每套均设置用户配电箱，在楼层配电箱内每出线回路设置计量表。用户配电箱设总断路器用于短路和过负荷保护，且能同时断开相线和中性线，单相电源进户时采用双极开关电器，三相电源进户时采用四极开关电器，各出线回路均设短路和过负荷保护用于照明、插座、空调专用插座、太阳能专用插座、热水器专用插座等，除壁挂空调外的其他出线回路均设置剩余电流动作保护装置，要求剩余动作电流不大于 30 mA。

从安全和使用角度考虑，为防止老年人在使用家用电器时发生触电危险，老年人照料设施建筑内电源插座如果安装高度低于 1.8 m 时，一律采用安全型插座。从人性化方面考虑，电源插座的安装高度应引起电气设计师的高度重视，居住室内依据床头柜的高度，插座安装高度可控制在 0.6～0.8 m。电视插座的安装高度控制在 1.0 m，电视屏避免迎光或逆光布置，以侧向采光为宜，有利于老年人斜躺在床上观看电视。台灯、电脑插座的安装高度应高于写字台，以 0.9～1.1 m 为宜，电脑屏避免对窗，以免反光。厨房操作台、卫生间洗手盆旁应考虑坐轮椅老年人的使用方便，插座安装高度可控制在 0.9～1.1 m。

根据老年人的特点，视听感觉差，疏散迟缓，老年人照料设施建筑的防火要求较高，低压配电导体应采用阻燃低烟无卤交联聚乙烯绝缘电力电缆、电线或无烟无卤电力电缆、电线甚至采用矿物绝缘电缆。传统的聚氯乙烯绝缘乙烯护套电力电缆虽有制造工艺简单、价格便宜等优点，但在燃烧时逸出氯化氢气体，放出浓烈的毒性烟气，容易使人中毒窒息，此类电力电缆、电线应避免在老年人照料设施建筑采用。近几年因矿物绝缘电缆采用的矿物绝缘材料和金属铜套在火焰中具有不燃烧和无烟无毒的性能，在越来越多的老年人照料设施建筑中得到大量应用。

二、照明系统

老年人照料设施建筑照明环境应充分注重老年人的特殊需求，这种需求既包括要满足老年人视觉功能的需要，使老年人能在一个合适的视觉环境中正常地进行居住生活、医疗保健、文化娱乐，通俗来讲就是能看得清楚，又包括能满足老年人心理上的需要，要看得舒服。光能通过影响老年人体内褪黑激素的分泌而影响其生理节律和健康，因此，老年人照料设施建筑照明设计应从老年人的视觉、心理和生理的需要出发，真正做到以人为本。

老年人照料设施建筑居住、活动及辅助空间照度值应按现行《老年人照料设施建筑设计规范》(JGJ 450—2018)中 7.3.2 条执行设计，结合笔者相关设计经验，总结详见表 6-1。

表 6-1　老年人照料设施建筑居住、活动及辅助空间照度值

房间或场所		参考平面及其高度	照度标准值/lx	*URG*	U_0	*Ra*
居住用房（卧室）	一般活动	0.75 m 水平面	150	19	—	80
	床头、阅读		300①	19	0.7	80
居住用房（起居室）	一般活动	0.75 m 水平面	200	19	—	80
	书写、阅读		500①	19	0.7	80
一般活动室		地面	300	19	—	80
阅览室		0.75 m 水平面	500	19	0.7	80
卫生间		0.75 m 水平面	200	22	—	80
公用厨房		台面	200	19	0.6	80
公用餐厅		0.75 m 水平面	200	19	0.6	80
门厅		地面	200	22	0.6	80
走廊		地面	150	22	0.6	80
楼梯间		地面	100	22	0.6	80

注：① 指混合照明照度。

因老年人的视力较弱，老花眼和白内障现象比较严重，其照明标准值稍有提高。

老年人照料设施建筑照明原则上要求能看清楚“颜色”，医疗保健场所更为重要，照明不仅应能真实地反映老年人的肤色，也应能满足治疗和保健的要求，不同功能的场所对照明有着不同的要求，治疗和保健场所必须考虑光源的显色性，应选用显色指数不小于 80 的高显色光源，如三基色荧光灯等。

眩光的影响应引起照明设计师的高度重视，特别是对于失能或失智的老年人，需要长期卧床休养，如果在顶板上安装普通灯具会形成明显眩光，造成老年人的不适，照明设计中应采用漫反射的间接照明或带棱晶面的灯具以减少直接眩光对老年人造成的影响，除卫生间、门厅走廊等个别场所外，眩光指数应小于19。

老年人照料设施建筑应能对老年人提供温暖亲切的印象，营造宁静而温馨的光环境，减少其因亲人或家人不在身边引起的不安，光源应选用暖色调，相关色温应小于3 300 K。

JGJ 450—2018中7.3.1条要求老年人照料设施建筑的居住和活动室宜设置备用照明。对于上述要求，笔者理解为此备用照明为非消防专用应急照明，而是当正常照明的电源失效以后而启用的照明，用于保证行动迟缓的老年人正常活动继续或暂时继续。因此备用照明的设计方案可采用图6-1所示的系统，在末端配电箱（设置在居住室内）设专线至备用照明灯具，该灯具自带镍铬电池作为备用电源，备用电源（达到使用寿命周期后标称的剩余容量）的连续供电时间不小于0.5 h，正常情况下备用照明灯具处于浮充电状态不亮，正常照明的电源失效以后浮充电状态打破，灯具强制自动点亮。对于重要公共建筑的消防专用备用照明的设计，本方案不宜采用，对此不再赘述。

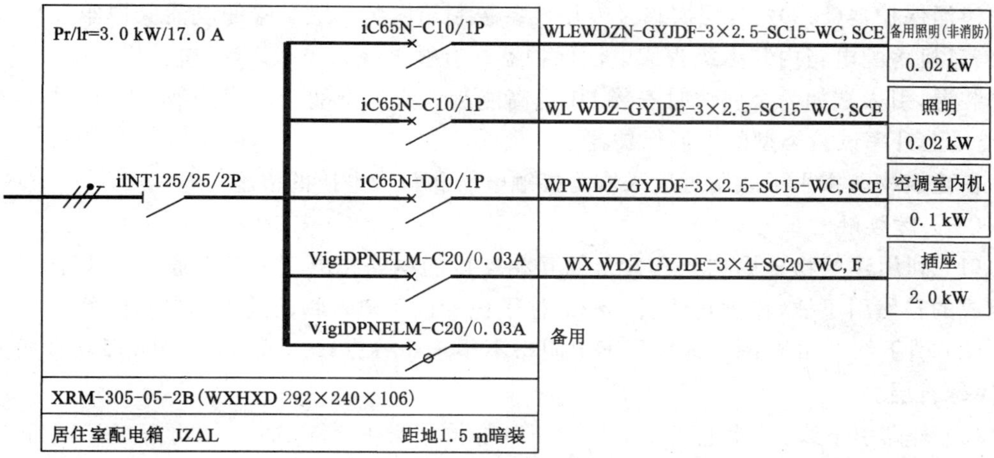

图6-1　老年人照料设施建筑居住用房照明配电箱系统图

如护养单元采用公共卫生间，应在护养单元的通道内设置夜间照明；如在居住室内设卫生间，应在卫生间旁合适位置设置夜间照明。一般夜间照明采用非对称式灯具，暗装于距地0.4 m墙面，方便老年人夜间如厕，且还可以兼用消防疏散指示标志。卫生间照明灯具宜自带红外装置用于照明的启停，居住室内照明应采用两地控制方式，分别在门口和床头设置双控开关，尽最大可能为老年人提供方便。

老年人照料设施建筑的照明开关应位置醒目，采用宽板翘板型且自带夜间指示灯，颜色应与墙面区别明显，安装高度宜为距地1.1 m，以方便坐轮椅老年人的使用。

三、接地与安全防护系统

老年人照料设施建筑的接地包括防雷接地、交流工作接地、安全保护接地、直流工作接地、防静电接地等，因为防雷接地一般多利用建筑物钢筋混凝土内钢筋作为防雷引下线和接地线，如以上各接地系统采用独立的接地体，无法满足保持安全距离的要求，很有可能产生雷电反击等现象，所以应采用共用接地系统，降低反击时各系统之间的电位差，避免反击现象，其接地电阻按其中最小值确定。

为降低电气设备发生接地故障时电气装置外露部分的接触电压，以及降低或消除从建筑物外部窜入电气装置外露部分上的危险电压，防止电击事故的发生，老年人照料设施建筑须做等电位联结。等电位联结包括 3 种：总等电位联结、辅助等电位联结、局部等电位联结。等电位联结的设置可以有效地降低接触电压，减小由建筑物外窜入的故障电压对人身造成的伤害，提高配电系统的安全水平。一般把老年人照料设施建筑内的总保护导体、金属水管、金属采暖管、金属燃气管、建筑物金属结构部分做总等电位联结；在治疗室和检查室做辅助等电位联结，实现保护导体、外界可导电部分、抗电磁场干扰的屏蔽物、防静电地板等之间等电位；在有洗浴的卫生间、浴室做局部等电位联结，将上属区域内的插座 PE 线、暖气片、金属管及地板钢筋等联结一起。

老年人照料设施建筑居住室、活动室、治疗室等场所插座回路设电磁式剩余电流断路器，提高防护的可靠性，剩余电流为 30 mA，动作时间为 0.1 s。

在变配电室低压母线、景观照明箱、屋顶风机等所有进出建筑物设备配电柜内装Ⅰ级试验的浪涌保护器(SPD)，各层层箱及专用设备控制箱内装Ⅱ级试验的电涌保护器，消防控制室、信息机房配电箱内装多级集成电涌保护器。有线电视系统引入端、电信引入端设过电压保护装置，引入端如为金属线时安装 D1 类高能量试验类型的电涌保护器，如为光缆时安装 B2 类慢上升率试验类型的电涌保护器。

在建筑物防雷引下线附近应采取防接触电压和跨步电压的措施。

（一）防接触电压的规定

(1) 利用建筑物金属构架和建筑物互相连接的钢筋在电气上是贯通且不少于 10 根柱子组成的自然引下线，作为自然引下线的柱子包括位于建筑物四周和建筑物内的。

(2) 引下线 3 m 范围内地表层的电阻率不小于 50 kΩ · m，或敷设 5 cm 厚沥青层或 15 cm 厚砾石层。

(3) 外露引下线，其距地面 2.7 m 以下的导体用耐 1.2/50 μs 冲击电压 100 kV 的绝缘层隔离，或用至少 3 mm 厚的交联聚乙烯层隔离。

(4) 用护栏、警告牌使接触引下线的可能性降至最低限度。

（二）防跨步电压的规定

(1) 利用建筑物金属构架和建筑物互相连接的钢筋在电气上是贯通且不少于 10 根柱子组成的自然引下线，作为自然引下线的柱子包括位于建筑物四周和建筑物内的。

(2) 引下线 3 m 范围内地表层的电阻率不小于 50 kΩ · m，或敷设 5 cm 厚沥青层或 15 cm 厚砾石层。

(3) 用网状接地装置对地面做均衡电位处理。

(4) 用护栏、警告牌使进入距引下线 3 m 范围内地面的可能性减小到最低限度。

第三节　智能化系统

一、需求分析

(1) 养老机构的养老护理主要以“医养结合”为核心，更加注重医疗康复保健服务。机构接收入住的多为失能、半失能、失智的老人，需要专人护理。因此，智能化系统主要考虑解决的问题有：① 建立全面的老人健康档案信息管理系统，为医护人员针对老人诊疗、康复、护理提供数据依据；② 建立通畅的医患对讲通话渠道，方便医患及时沟通，满足老人护理需求；③ 建立完善的安保求助系统，保证入住老人的安全。

(2) 社区居家养老的服务对象主要是日常生活可以自理或有亲戚子女可以照顾的老人。服务重点在于提供安全、舒适、及时、方便的生活条件，让老人享受家政、医疗、紧急救助、法律维权、生活照料等各种安全便捷、专业实惠的服务。智能化系统重点实现以下目标：① 建立全面的老人健康档案信息管理系统；② 老人一键求救、位置定位、安全监控；③ 子女和养老机构都作为信息接收端，保证两者都能及时收到老人的活动和报警信息；④ 舒适、方便的室内环境；⑤ 依据《养老住区智能化系统建设要点与技术导则》，根据养老住区建设系统规划、功能规划和建设要求的不同，可将养老住区智能化系统分为一星级、二星级和三星级 3 种等级，作为评定养老住区智能化系统等级划分的根据。表 6-2 为养老住区智能化系统功能规划分级表。

表 6-2　养老住区智能化系统功能规划分级表

序号	系统规划	功能规划	建设要求	一星级	二星级	三星级
1	住区网络系统	住区无线覆盖	住区内所有室内公共区域(如老年活动室、会所活动区域等)实现无线覆盖无盲区	★	★	★
			住区内所有公共区域(如老年活动室、室外活动区域等)实现无线覆盖无盲区		★	★
			在提高型基础上，住户室内实现无线覆盖			★
		住区有线宽带网络	设置多媒体箱及模块、每间房内设置双孔插座及有线电视点	★	★	★
			在基本层的基础上，卧室、客厅、餐厅原有墙对面各再增设 1 个双孔数据插座		★	★
			在上述基本型的基础上，卧室、客厅、餐厅每面墙各设置 1 个双孔插座			★
2	综合信息平台	软件平台	配置相应硬件设备	★	★	★
		信息库	配置数据库		★	★
		信息管理	配置安全信息系统	★	★	★
		运营管理	配置相应应用软件		★	★
3	综合服务系统	收费服务	设置 POS 装置	★	★	★
		家政服务	家政服务呼叫系统	★	★	★
		娱乐服务	设置卡拉 OK 系统		★	★
			设置影院系统			★
			自助点歌系统			★
		老年培训	自办生活频道			★
			教学培训系统		★	★

表 6-2(续)

序号	系统规划	功能规划	建设要求	一星级	二星级	三星级
4	能耗监管与环境监测	能耗监管	住区内公共部分的水、电、燃气、取暖、中央空调进行数据采集与远传	★	★	★
			在基本型的基础上，增加住户的水、电表具进行数据采集与远传		★	★
			在提高型的基础上，增加对住户的燃气、取暖、中央空调进行数据采集与远传			★
		环境监测	对社区二氧化碳、负离子、环境噪声、空气悬浮物、垃圾处理和公共区域的温度、湿度进行检测	★	★	★
			满足基本型的基础上，增加对室内温度和湿度的监测		★	★
5	监护与求助	异常报警/求助	住宅内置紧急救助按钮	★	★	★
			在公共驻留区域设置紧急救助按钮		★	★
			救助按钮具有双向语音通话功能			★
			无线紧急救助系统		★	★
			煤气泄漏报警器	★	★	★
			煤气泄漏报警自动关断阀		★	★
			无盲区全景监视系统		★	★
			智能视频分析			★
		人员定位	无线定位系统		★	★
		跌倒检测报警	防跌倒检测设备			★
6	生命体征检测	生命体征检测	健康检测设备			★
		远程医疗	远程医疗服务			★
7	新技术新产品应用	智能灯光控制	对住区的路灯照明、景观照明、各栋楼入户大堂照明及其他公共区域的照明进行智能控制	★	★	★
			在基本型的基础上，增加室内灯光照明智能控制		★	★

二、系统设计

(一) 信息化应用系统

1. 信息管理系统

(1) 机构养老信息管理系统。

机构养老信息管理系统是应用于养老院、敬老院、福利院等养老机构的专业养老管理软件，涵盖收费管理、居住管理、档案管理、护理管理、医疗管理、人事管理、医疗管理等功能，涉及从接待到退房的所有流程。通过明确部门职能，精简业务流程，优化服务项目，科学规范管理，提高养老机构业务处理效率和管理效率，减少资源浪费，提升核心竞争力。

① 收费管理：包括押金管理、基本收费管理、收费查询、入院缴费、出院结算、缴费通知单等，通过清晰明了的收费分类、详细无误的费用记录，做到收费全面无遗漏、费用透明无纠纷。

② 居住管理：包括预约登记、准入评估、分类排序、老人选房、入院登记、出院登记、统计管理，为老人办理入住、退住和订房等相关手续，对信息进行集中化处理，一目了然。

③ 档案管理：包括基本信息、老人病历、老人药方、老人事件、体检项目、生日查询、合同附件等，全面的老人信息记录保证了机构的服务质量，保障了老人的健康和安全。

④ 护理管理：包括护理类型、护理项目、护理员排班、护理记录、护理变更、入住日期管理等，明确护理岗位的职能，科学安排任务和计划，促进工作有序有效进行，提高工作效率。

⑤ 后勤管理：包括设备报修、日常巡查、杂费抄表等，解决了后勤管理混乱、信息不清等问题，减少不必要开支，保证机构正常运行。

⑥ 人事管理：统一管理人事各项事宜，做到信息清楚公开、管理明确轻松。

⑦ 收费设置：包括系统费项定义、收费参数设置、基本费项配置等，对老人入住期间的消费项目进行预先配置，标准定义每项所需费用，标准化和规范化设置有利于工作的高效展开。

⑧ 接待管理：包括接待登记、来访登记、预约登记、房态图、员工查询等，对来访的人员进行登记，并在允许的前提下为客人提供老人、床位状态、房间状态等信息，做好接待工作，维护机构形象。

⑨ 食堂管理：包括入库出库、订餐系统、生日套餐上报等，根据每个老人不同情况科学搭配菜肴和营养，为食品管理、采购库存提供科学依据，提供贴心的饮食护理，保障饮食安全。

⑩ 系统管理：包括用户账号、权限组管理、系统日志、字典管理等，保障了系统能对不同账号进行权限定义，对整个系统的安全和运行起到保护作用。

⑪ 查询统计报表：包括老人统计信息、员工统计信息、老人账户明细查询、费用项统计等，随时查询所需要的信息，通过统计报表形式清晰明了的呈现，给工作带来极大方便。

⑫ 基础数据管理：包括楼区管理、房间类型、房间管理、床位管理、护理级别配置等，对养老机构的楼区、房间和床位等进行统一登记和管理，高效又方便。

⑬ 医疗管理：包括挂号登记、患者登记、医生工作站、护士工作站、结账付款、挂号设置等。通过完善的医疗管理功能、明确的流程设置，协助养老机构系统的、科学的管理医疗工作。

⑭ 药政管理：包括基础设置、药房管理、药房统计等。为养老机构提供完善全面的药品管理工作，采用信息化手段，准确无误地对全院所有药品进行集中统一管理。

(2) 社区养老。

以社区为依托、以智慧养老服务平台为支撑，以智能终端和热线为纽带，整合社区养老服务设施、专业服务队伍和社会资源，重点打造以“呼叫救助、居家照料、健康服务、档案管理”为中心的智能居家养老服务网络，为老年人提供综合性的养老服务，打造智慧养老服务模式。

“系统＋服务＋老人＋终端”，一是发挥平台对养老服务的技术支撑作用，二是发挥平台对养老服务资源的整合作用。通过服务热线，在老年人和服务商之间架起绿色的桥梁，让老人足不出户即可享受到家政、医疗、紧急救助、法律维权、生活照料等各种安全便捷、专业实惠的服务，打造一个没有围墙的养老院。可以实现的功能有：

① 老人电子档案记录：详细记录老人及子女或监护人信息，包括健康信息、联系人信息、体检信息、居住信息等，做到老人情况一目了然。支持模板导入/导出。

② 老人一键求救：系统通过对接智能呼叫设备，当老人发生突发情况需要求助时，在房间或者室外可按老人挂件式呼叫器 SOS 键，向平台发出求救请求，服务中心人员会及时收到求救信息并弹出相应的老人信息，给予指导的同时迅速联系相关人员和医院给予及时的救援。

③ 老人位置定位：通过老人定位卡、手机、智能腕表等多种形式实时定位老人位置，可形成活动轨迹，及时将外出活动、子女不在身边的老人的位置信息报与子女，贴身陪伴，保持联络。

④ 老人保健管理：掌握老人的身体健康状况，健康指标出现异常时，平台可通知相关人员为老人进行体检等相关服务，充分做到防患于未然。老人健康信息会存入老人档案库，跟随老人一生，可随时查看调用。用药提醒、主动关怀等。

⑤ 老人生活帮助：平台支持集成其他系统，可把好的服务厂商引入系统平台，根据老人的实际需求，增加亲情通话、配套的家政服务、社区配送、预约挂号、上门看诊等民生服务。

⑥ 其他功能模块：包括常见老人情况、应急救援措施、数据统计监管等，还可以根据用户实际需求完成特殊的功能开发。

⑦ 方式多样：支持手机、网站、电视端及基于 3G 智能机，人工座席服务，结合医疗检测终端设备，实时向子女提醒老人状况。

⑧ 用户群广：既服务普通居民，更为老人、孩子等特殊人群提供更周到的服务。

(3) 老人家属端 App。

老人家属端 App 软件主要是用于养老机构营销和宣传，同时方便家属随时随地了解休养老人在养老机构内的休养情况，能够提升养老机构的服务质量和品牌形象，增加家属和老人对机构的认同感。可结合机构养老管理系统、机构管理端 App 共同使用，更好地满足养老机构的业务需求。

老人家属端 App 软件由入院指南、配套设施、服务项目、预约登记、账单查询、护理记录等功能模块组成。

2. 一卡通应用系统

(1) 系统功能。“智能一卡通”是以智能卡技术为核心，以计算机和通信技术为手段，将智能建筑内部的各项设施连接成为一个有机的整体，用户通过一张智能卡便可完成发卡授权、门禁、考勤、消费、巡更、访客管理、电梯控制等功能。

(2) 系统设计。系统采用 IC 卡，主要设备包括数据库服务器、发卡工作站及门禁管理子系统、考勤管理子系统、消费管理子系统、停车场管理子系统、电梯管理子系统、会议签到管理子系统等。

(3) 养老机构系统特点。养老机构一卡通系统仅对医护人员开通门禁、消费、考勤、查询等功能。

对于住区老人和失智、失能的老人，因其不具备独立使用能力，不配置一卡通智能卡；对于生活可以自理的住区老人，可以配置智能卡并授权开放门禁、消费、查询等功能。

(4) 社区养老系统特点。社区住户配置一卡通系统，智能卡系统开放门禁、消费、查询功能。对于社区内登记入住的老人，一卡通系统还宜与无线紧急求助功能相结合，具有紧急求助报警功能。

3. 老人无线定位求助系统

老人无线定位求助系统有基于 RFID 技术、基于 Zigbee(蜂舞协议)、基于 GPS 技术等不同的实现方式。其中基于 RFID 技术的无线定位报警方式是比较稳定、经济、实用的实现形式。

(1) RFID 无线定位报警方式。

① 系统组成。系统采用 2.45 GHz 的高频主动式(有源)RFID 产品,系统组成包括服务器、工作站、定位器、智能卡、电源等。

② 系统功能。

a. 定位:对老人的活动位置和区域进行识别,为人员定位管理、紧急预警、高端服务提供位置信息。

b. 轨迹回放:对老人的历史行动轨迹进行查看,对老人的活动方式进行管理,为数据分析提供依据。

c. 特殊区域预警:在老人行动在某些特殊、危险、障碍路段、区域时,系统可自动识别,并发出警示信息,有效保护老人身体安全,降低危险事故发生概率。

d. 滞留时间预警:在老人在某个区域、路段滞留时间过长时,系统可自动识别,并发出警示信息,有效防止老人因过度疲劳、神志不清等引发的各种安全事故。

e. 一键求助:老人在某个区域、路段发生意外后,在神志清醒状态下,可自行发出求救信号,系统自动识别和判断位置,为救护老人提高效率,减少危险情况发生。

③ 系统设计。在值班室(一般是消防控制室)设置工作站、服务器;在建筑主要出入口、公共区域、走廊、园区设置定位阅读器,在各房间门口设置定位器。定位器与定位阅读器之间通过无线通信,定位阅读器通过设备网交换机与后台服务器连接通信。

一般需要定位精确到房间的,每个房间都要放置定位器。公共区域和室外大空间间隔 50 m 放置定位阅读器。

定位阅读器可以固定在楼梯口、公共活动区或定位器能感应到的范围内。智能卡老人随身携带。

④ 系统优缺点。基于 RFID 无线定位报警方式组网简单、系统稳定、设备便宜,可以与一卡通系统集成,做到一卡定位、报警、消费、门禁等。

缺点是功能比较单一,主要是定位报警功能,不能拓展如跌倒报警、吃药提醒等功能。

(2) 可穿戴式的无线定位报警方式。

① 系统功能。系统基于 Zigbee 无线技术或 GPS 技术,数据基于无线方式和通信网络传输,可实现的功能有:

a. 人员定位。可以实时定位、查询人员的位置。

b. 跌倒自动报警功能。当报警器检测到机主跌倒,会发出语音提示,此时机主可通过按键取消报警,如果机主 20 s 内没有取消报警,报警器会自动发送信息给监控中心,同时附带其位置信息,监控中心界面同时进行声音报警及界面报警,值班人员可及时进行求助。

c. 无活动报警功能。当机主在设置的较长的时间内没有活动迹象时,报警器会发出语音提示,此时机主可通过按键取消报警,如果机主 20 s 内没有取消报警,报警器会自动发送信息给监控中心,同时附带其位置信息,监控中心界面同时进行声音报警及界面报警,值班人员可及时进行求助。

d. 紧急情况一键报警功能。当机主感觉不适或需要帮助时，可手动按产品的按键，此时会发送手动报警信息及位置信息给监控中心，也可通过再次按键取消报警信息。

e. 吃药提醒功能。如果机主生病，监控中心可通过远程对产品进行设置，可设置其吃药时间，以便报警器在规定时间内发出语音提示，提醒机主按时吃药。

f. 电子围栏。当老人离开小区时，可进行实时监测及报警，并记录老人离开小区的时间及门卫号。

g. 电池电量报警功能。

h. 历史情况分析功能。可对每个老人每周、每月及每年的报警信息、行动轨迹进行历史分析，以便了解老人的实际情况。

i. 可拓展为穿戴式设备，将老人的身体状况（包括体温、血压、脉搏））上传至监控平台，存入老人的健康档案信息。

② 系统组成。系统由服务器、工作站、中心站、定位基站、报警器等组成。

③ 系统设计。在值班室（一般是消防控制室）设置工作站、服务器、中心站；在监控单元主要入口、公共区域、走廊、房间内设置定位基站。老人随身佩戴报警器。一般需要定位精确到房间的，每个房间都放置定位基站。公共区域和室外大空间间隔 50 m 放置定位基站。中心站和服务器之间通过设备网通信，定位读卡器与中心站间可采用无线组网，也可提供 RS485 或 RS232 有线接组网。报警器与定位基站之间以无线形式通信。

④ 系统优缺点。可穿戴式的无线定位报警系统功能全面，系统可拓展性强，可以无线形式组网，施工方便。系统设备价格比较高，管理形式复杂，需要较多的管理人员接收各种意外报警信息；不能与常规的门禁一卡通集成。

4. IP 多媒体终端系统

(1) 系统功能。

① 园区各单体房间内采用内线短号方式，通过局域网覆盖住区房间和各个功能区，实现点对点之间视频通话，增进邻里关系。

② 老人可随时与护理站视频通话，直接传达需求。

③ 老人有需要可与治疗室视频通话，线上咨询，实现远程医疗护理。

④ 老人可通过电话显屏界面浏览食堂、活动室信息，进行视频点餐、服务预约等。

⑤ 老人的亲属在智能手机、平板电脑、电脑上安装视频软件后，可通过互联网与老人视频通话，实现远程探视。

(2) 系统设计。

系统包括 IP 多媒体终端、智能视频终端、中心服务器等，系统通过数据网络进行通信。在数据网络机房安装中心服务器、数据库等设备；在住区房间内设置 IP 多媒体终端；在治疗室、护理站、活动区等处设置智能视频终端；子女亲属可以在手机、电脑上安装视频客户端。

5. 护理呼应系统

(1) 系统功能。护理呼应系统主要用于老人和护理人员的对话、呼叫、报警。可以实现的功能有：

① 病床呼叫对讲。病人可通过床头分机呼叫护士站主机，进行双向对讲。

② 卫生间紧急呼叫。卫生间的病人发生紧急情况时，可拉紧急按钮的拉绳发出报警信

号，便于护士及时处理。

③ 护士站托管。护士站主机可相互托管各自病床分机。

④ 录音录像。可对通话内容进行录音录像保存，并能上传服务器查看。

⑤ 双向可视对讲。医生办公室主机、护士站主机之间可相互呼叫、双向可视对讲。

⑥ 广播喊话。主机可对所有病床分机进行 MP3 文件广播或全区广播喊话。

⑦ 门禁对讲与开锁。护士站主机可与病区门口的探视人员可视双向对讲，并能控制病区门锁的开启；也可支持 IC 卡刷卡或密码直接开锁。

⑧ HIS 对接。系统支持 HIS 对接，可读取、调用 HIS 数据库中的病人信息。

⑨ 液晶屏显示。可液晶屏显示呼叫的病房、病床分机号，便于走廊中的护士查看。

(2) 系统设计。系统一般由主机、床头对讲分机、卫生间紧急呼叫按钮(拉线报警器)、公共区域紧急报警按钮、病房门灯、显示屏、病员一览表等组成。系统主要应用于养老机构。在数据网络机房设置服务器，在总值班室设置主机老人住区床头设置床头对讲分机，配合家具安装；在卫生间设置紧急呼叫按钮，距地 0.5 m 安装。

(二) 信息设施系统

1. 综合布线系统

(1) 系统功能。综合布线系统是建筑智能化系统的基础，它通过延伸每个房间的信息点，将电话、计算机、服务器、网络设备以及各种楼宇控制与管理设备连接为一个整体，高速传输语音、数据和图像，从而为使用者提供综合服务。

(2) 系统设计。综合布线系统分为 6 个子系统，即工作区子系统、水平布线子系统、垂直干线子系统、配线间子系统、设备间子系统、建筑群子系统。每个系统是相对独立的模块。垂直干线子系统、配线间子系统、设备间子系统、建筑群子系统一般采用单模或多模光缆，工作区子系统、水平布线子系统一般采用六类非屏蔽双绞线。

(3) 系统特点。

① 养老机构中应当在医护人员办公室、治疗室、公共区域、住区房间预留网络、电话信息点，住区、公共区域宜做无线网络覆盖，用于住区人员上网。

② 养老公寓中网络电话一般采用光纤入户的方式。

2. 信息网络系统

(1) 系统功能。信息网络系统是应用计算机技术、通信技术、多媒体技术、信息安全技术和行为科学等先进技术和设备构成的信息网络平台。它是楼内的语音、数据、图像传输的基础，同时与外部通信网络相连，确保信息畅通。

(2) 系统设计。根据养老建筑的特点和业务需求，网络系统的建设分为数据网和设备网，两套网络物理隔离，分别设置交换机和服务器。养老机构网络系统考虑实际业务量，数据网可以通过物理逻辑隔离的形式，划分为数据外网和数据内网，两者共用交换机和服务器。在公共区域做无线网络覆盖。内网为运营和办公提供服务，只对工作人员开放；外网主要用于住区人员上网、门诊部网上挂号等；设备网服务于安全防范系统(如视频监控系统、门禁管理系统)、公共广播系统等。单体建筑计算机网络采用核心-接入的两层星型冗余拓扑结构，如果园区内有多个单体，可采用核心-汇聚-接入的三层拓扑结构。社区养老公寓房内数据网一般采用光纤入户的方式，另外建设设备网为公共安全防范系统、公共广播系统服务。

3. 有线电视系统

(1) 系统概述。有线电视系统包括接收信号源、前端设备、干线传输系统、用户分配网络4个部分。其中接收信号源包括市有线电视网、数字电视信号、自办电视节目信号、卫星节目。有线电视终端插座设置如下:① 会议室、宣教室等教学场所;② 候诊室、输液室、休息室、活动室等公共场所;③ 住区病房、公寓房间内。

(2) 系统特点。养老公寓的有线电视一般采用光纤入户的方式。养老机构根据需要选择广电有线电视信号或运营商数字电视信号。广电有线电视为专用线路传输,稳定性和实时性较好,但建设初次投资较高。运营商数字电视通过信息网络传输,设备投资费用低,但稳定性和实时性低一些。

4. 公共广播系统

公共广播系统和消防广播可共用前端喇叭,功放及主机各自单独设置。根据建筑结构和业务分部特点,公共广播按照防火分区和区域功能分布,配置广播回路。具备4种广播功能,广播优先级分别为:消防紧急广播、业务广播(含定时广播)、本地扩声(如排队叫号等)、背景音乐等。

公共广播主要设置在养老机构的公共场所及走廊,在服务台或护士站等有人值班的地方设置音量调节开关。一旦发生火灾,消防强切信号至强切模块,将公共广播切换为消防应急广播。

5. 信息发布系统

(1) 系统概述。该系统向建筑物内的来访者提供告知、信息发布、演示及查询等功能。

(2) 系统设计。系统由服务器、网络、播放器、显示设备组成,将服务器的信息通过网络发送给播放器,再由播放器组合音视频、图片、文字等信息(包括播放位置及播放内容等)输送给液晶显示器或LED显示屏进行播放,这样就通过网络将所有服务器信息发送到显示终端。前端设备包括电子公告大屏、多媒体查询终端、液晶显示屏等。

(3) 养老机构系统特点。养老机构在一层主入口大厅设置室内LED全彩屏,主要用于发布各种公共事务信息、最新公告及服务项目、服务安排、机构环境、日常生活等内容,让前来入住参观的人员感受到机构信息化服务的温馨。建议在一层主出入口大厅设置多媒体触摸屏,用于实现机构电子地图查询、导诊咨询、挂号咨询、病人各类医疗费用查询等。在出入口大厅、护理站、电梯前室等公共区域预留信息显示屏接口,后期根据需要设置显示屏,用于发布机构介绍、特色服务、权威医生及专家介绍、医疗常识等各类信息及进行宣教活动,支持图像和声音的传输。

(4) 社区养老系统特点。在出入口大厅、电梯前室等公共区域设置信息显示屏,可用于发布社区活动信息、社区食堂菜品、通知告示等。

(三) 建筑设备管理系统

1. 建筑设备监管系统

(1) 系统采用直接数字控制(DDC)对建筑内的机电设备进行监视及节能控制,以保证设备的最佳运行状态、节约能源,结合科学的控制逻辑,达到有效的管理。

(2) 系统采用集散控制方式,控制内容主要包括:

① 冷/热源系统——冷却塔、冷却水泵、冷冻水泵、冷水机组、板式换热器、热水循环泵。

② 空调通风系统——新风机组(离子液新风换气机、新风热回收机组、组合式新风机

组、数字化节能新风机组)、送/排风机。

③ 给排水系统——生活水池、水箱、生活水泵、集水坑、污水泵。

④ 电梯系统——客梯、消防梯、手术梯、自动扶梯。

⑤ 变配电系统——高、低压配电相关设备。

其中冷热源系统、变配电系统采用网关通信接口方式采集有关信息。

2. 智能家居系统

(1) 系统功能。

通过智能家居系统,可以为不方便行动的老人自动调节房间内的环境,老人、护理人员也可通过电脑、智能手机、平板等远程调节室内各种设施。可以实现的功能有:智能照明控制、智能窗帘控制、智能温控、智能家电控制等。

(2) 系统设计。

系统包括智能主机、信号中继器、智能照明产品、智能窗帘产品、智能家电控制器、各种传感器等。在护理站或公寓户内装设智能主机及各种智能控制器、传感器等。智能主机和各控制器之间通过 Zigbee 无线通信控制,智能主机和服务器、智能手机、电脑之间通过数据网络通信。

① 智能照明控制:老人行动不便,通过手机、场景面板、智能开关,轻松一键控制照明;夜间,智能照明系统可为老人提供适宜的自动人文照明;护理人员远程控制照明,关怀更贴心;公共活动区可设置多场景照明,适合各种活动需要。

② 智能窗帘控制:通过手机、场景面板、智能开关,轻松一键控制窗帘;智能窗帘系统根据内外部光线自动控制;智能开窗器可根据室内外环境自动开窗换气、雨天自动关窗。

③ 智能温控:通过手机、场景面板、智能开关,轻松一键控制空调、暖气;智能主机根据设定温度值自动调节控制器,使室内环境达到适宜温度,节约能源多达 30%。

④ 居家安全:当老人忘记关煤气,系统报警并自动关闭电动煤气阀;意外监控,如一天没有开门、开煤气,系统智能监控报警。

⑤ 环境调节。系统可以自动监测室内外的空气质量、粉尘颗粒浓度、二氧化碳浓度等,并将实时采集的数据传送到智能主机及远程客户端,同时该设备还可根据监测结果与其他控制设备联动,改善室内空气。

(3) 系统特点。

智能家居系统需要与其他设备专业配合,需要设备专业预留控制条件。

智能家居系统需要根据实际需要选配设备配置。

3. 建筑能效监管系统

能源管理平台对楼内用电、水、气、热等能耗进行分项采集计量、管理分析,生成能耗统计数据及相关图表等;并按能耗监管的要求将节能监测原始数据、统计分析数据及系统的其他有关信息传输到上一级数据中心。

4. 智能照明系统

(1) 系统功能。

在走廊及公共区域照明部分采用智能照明系统实现公共照明的智能管理,可定时开关灯、远程控制开关灯具等,节约用电、延长灯具寿命,提高管理水平,减少维护费用并带来极大的投资回报。

(2) 系统设计。

智能照明控制系统由中央监控平台、照明控制器组成。具体控制路数将依据配电箱路数设置及景观情景模式确定。

系统在照明配电箱内安装智能控制器,在现场安装智能控制面板,通过程序设置,实现灯光的定时开关、灯光场景的改变。并且可以通过软件设定程序,对所控回路灯光进行监控,当使用寿命或开关次数达到设定参数时自动报警,以便统一更换灯具。

(四) 公共安全系统

1. 入侵报警系统

报警系统主要由报警探测器、传输设备、报警控制主机、警号、对外拨号设备以及报警计算机和相关软件组成。

2. 视频安防监控系统

采用数字化 IP 视频监控系统,在走廊、电梯厅、楼梯前室、护理站等公共场所以及药房、抢救室、财务室、收费处、信息机房等处设置红外网络半球摄像机或红外网络枪式摄像机;在各入口大厅选择网络快球摄像机,带有宽动态补偿功能;在室外周界、广场、道路等公共场所及院区出入口处选择红外网络高速网络快球摄像机,为保证红外补光效果、防止红暴现象,需要具备智能红外补光;电梯处选用专用电梯摄像机。

建设专用安防设备网,用于监控、门禁等系统的网络传输。

在安防监控中心设置监控电视墙、存储设备及视频监控服务器,对接入视频信号进行统一管理。

人员聚集的公共场所宜选择带智能分析功能的摄像机,及时侦别异常情况,保证住区人员安全。

3. 出入口控制系统

系统包括门禁一卡通系统、客梯控制系统。

门禁控制系统包括识别卡、前端设备(读卡器、电动门锁、门磁开关、各种报警探头、控制设备等)、传输设备、通信服务器及软件。

在护理单元的出入口、药房、诊疗设备用房、收费处、财务室、信息机房、监控中心等处设置门禁一卡通系统,控制人员出入。

为保证住区老人安全,便于访客管理,住院病房电梯设置梯控系统,管理人员电梯使用情况。

养老公寓通常采用可视对讲门禁的方式,在单元门口设置可视对讲主机,户内设置可视对讲分机。

4. 电子巡更系统

电子巡更系统可以实现用户对所辖区域的巡更管理功能,监督保安人员的巡逻工作。巡更点主要设置在出入口、电梯前厅等位置。

(五) 机房工程

养老建筑根据业务需要和系统配置,项目需要配置消防安保监控中心、信息网络机房、弱电进线间、弱电配线间等,机房工程应与建筑、结构、水、暖、强电专业做好配合工作,及时提出本专业对其他专业的设计要求。机房工程配置要求如表 6-3 所列。

表 6-3　养老建筑机房工程配置要求

序号	机房名称	数量	最小面积/m^2	附注	用电量/kW	附注	空调通风要求
1	消防安保监控中心	1	60	首层，有直接对外的出口，门朝疏散通道开启，面积约 80 m^2	20～30	1. 安保系统需双路电源＋UPS； 2. 楼控/集成/电视需双路电源＋UPS； 3. 消防自动报警系统量需消防电源； 4. 公共广播需消防电源	温度 18～28 ℃，相对湿度 30％～80％
2	信息网络机房	1	40	与固定通信机房相邻	20～30	双路电源＋UPS	温度 18～28 ℃，相对湿度 40％～70％
3	弱电进线间（含通信、移动接入设备）	1	20	首层或地下一层靠近外墙	15	双路电源	温度 18～28 ℃，相对湿度 30％～75％
4	弱电配线间	每层	3	配线半径 60 m，相邻层尽量上下对齐；弱电间门宽大于 800 mm，采用丙级以上防火门并向外开启	3	双路电源	温度 5～35 ℃，相对湿度 20％～80％

参考文献

[1] 安婷，乐波，杨鹏，等. 直流电网直流电压等级确定方法[J]. 中国电机工程学报，2016，36(11)：2871-2879.

[2] 北京照明学会照明设计专业委员会. 照明设计手册[M]. 3版. 北京：中国电力出版社，2017.

[3] 查桢. 综合管廊监控系统设计探讨[J]. 建筑电气，2018(1)：33-40.

[4] 柴熠，尹天文，高孝天. 中国低压直流设备与系统发展研究[J]. 电器与能效管理技术，2018(22)：1-5，69.

[5] 陈红坤，何桂雄，石晶，等. 楼宇交直流混合供电模式下直流电压等级的研究[J]. 中国电机工程学报，2017，37(20)：5840-5851.

[6] 陈萌. BIM和GIS技术在地下综合管廊中的综合应用[J]. 山西建筑，2017，43(19)：251-252.

[7] 陈洋洋，李金生. 城市地下综合管廊智能化系统设计与实施[J]. 智能建筑，2017(6)：38-43.

[8] 代义德，薛鹏. 城市地下综合管廊自动化监控系统分析[J]. 中国设备工程，2017(19)：127-130.

[9] 邓艳娥. 智能建筑中直流供电系统的应用探析[J]. 中国新技术新产品，2016(3)：22-23.

[10] 董桂华. 城市新区某综合管廊火灾报警系统设计[J]. 电气技术，2017(4)：116-119.

[11] 董欣刚. 城市综合管廊基于物联网融合通信系统的应用[J]. 建筑技术开发，2017，44(22)：88-89.

[12] 韩民晓，王皓界. 直流微电网——未来供用电领域的重要模式[J]. 电气工程学报，2015，10(5)：1-9.

[13] 纪蓉，苏嫣钰，俞苗，等. 基于BIM＋GIS的智慧管廊监测管控运维一体化平台建设[J]. 江苏建筑，2018(2)：103-106.

[14] 江道灼，郑欢. 直流配电网研究现状与展望[J]. 电力系统自动化，2012，36(8)：98-104.

[15] 柯善北. 规划引领　民生优先——解读《关于加强城市基础设施建设的意见》[J]. 中华建设，2014(1)：26-29.

[16] 李琳. 光伏直流微电网系统在城市住区中的应用设计研究[D]. 南宁：广西大学，2017.

[17] 李蕊，付浩程. 综合管廊监控与报警系统设计浅析[J]. 智能建筑电气技术，2016，10(3)：67-70.